"十三五"国家重点出版物出版规划项目
材料科学研究与工程技术系列图书
黑龙江省精品图书出版工程

U0211803

石墨烯与过渡金属氧化物复合材料制备

SYNTHESIS OF GRAPHENE AND TRANSITION METAL OXIDE COMPOSITES

赵艳红 著

哈尔滨工业大学出版社
HARBIN INSTITUTE OF TECHNOLOGY PRESS

内容简介

本书是一本关于石墨烯与过渡金属氧化物复合材料制备及电化学性能研究方面的著作，主要内容是作者在该领域取得的研究成果。全书共 5 章，主要介绍了锂离子电池负极材料的发展、石墨烯与锰氧化物作为锂离子电池负极材料的研究进展，改性石墨、天然石墨剥离制石墨烯、石墨烯与过渡金属氧化物及其复合材料的制备方法，石墨烯与石墨烯 GN/ZnO 复合材料、石墨烯与 Mn_xO_y 复合材料等负极材料结构和电化学性能的表征手段。探讨了改性天然石墨、石墨烯、石墨烯与 ZnO 复合材料、石墨烯与 Mn_xO_y 复合材料的结构、电化学性能及储锂机制。将合金式储锂机制的氧化锌与石墨烯复合材料，与转换式储锂机制的锰氧化合物与石墨烯复合材料进行对比分析，阐述了电化学性能提高的储锂机制，分析了材料结构、电荷传递电阻和锂离子扩散系数的影响。

本书可供研究锂离子电池负极材料，尤其是关于石墨烯及金属氧化物作为负极材料研究领域的科研人员和高等院校相关专业的师生参考。

图书在版编目（CIP）数据

石墨烯与过渡金属氧化物复合材料制备/赵艳红著. —哈尔滨：哈尔滨工业大学出版社，2021.5（2022.1 重印）

ISBN 978 - 7 - 5603 - 9402 - 2

Ⅰ.①石… Ⅱ.①赵… Ⅲ.①石墨-纳米材料-复合材料-材料制备 ②过渡金属化合物-氧化物-复合材料-材料制备 Ⅳ.①TB383 ②O614

中国版本图书馆 CIP 数据核字（2021）第 080130 号

策划编辑 许雅莹 李 鹏
责任编辑 许雅莹 张 权
封面设计 高永利
出版发行 哈尔滨工业大学出版社
社 址 哈尔滨市南岗区复华四道街 10 号 邮编 150006
传 真 0451 - 86414749
网 址 http://hitpress.hit.edu.cn
印 刷 哈尔滨圣铂印刷有限公司
开 本 660 mm×980 mm 1/16 印张 8 字数 152 千字
版 次 2021 年 5 月第 1 版 2022 年 1 月第 2 次印刷
书 号 ISBN 978 - 7 - 5603 - 9402 - 2
定 价 32.00 元

前　言

　　20 世纪 80 年代,随着世界经济的迅速发展及全世界人口的持续增长,能源的需求量也在持续上升,而绝大部分能源是不可循环利用的化石燃料,如石油、天然气和煤炭等,这种状况越来越不能满足世界经济可持续发展的需求。另外,化石能源使用过程中所产生的废气、废水和废渣,对土壤、水和大气的污染也使人们认识到,社会的进步和人类的繁荣不应该以后代生存环境为代价,开发新能源和控制环境污染是世界各国亟待解决的问题。而以电代替不可再生的石油和煤,降低城市污染,发展锂离子电池相关技术成为研究人员的关注热点。

　　与其他太阳能、风能、潮汐能等新型能源形式相比,电能不受气候、地域的限制,不存在受外界条件限制间断的情况,有很大的发展优势。锂离子电池可以将化学能转换成电能,具有比能量高、循环寿命长、无记忆效应、对环境污染小、自放电率低等优点。作为一类重要的化学电池,现在由电子产品和便捷式小型电器所用电池逐步走向电动车动力领域。近年来,锂离子电池的生产量持续增长,而负极材料的开发也日益成为新能源的研究热点。据统计 2015 年全球负极材料产量不足 11.1 万 t/a,而 2019 年则超过32.6 万 t/a。

　　20 世纪末,Sony 公司将石墨和 $LiCoO_2$ 作为锂离子电池正负极组装使用以后,石墨已成为当前商业应用中最广泛的一种负极材料。石墨具有良好的导电性和高度结晶的碳层结构,能够使锂离子自由嵌入和脱出,非常适合作为安全的锂离子电池的负极材料。作为负极材料的石墨从来源上分为人造石墨和天然石墨,人造石墨是将易石墨化碳如石油焦、针状焦、沥青焦等在高温(超过 2 000 ℃)下石墨化制得,后天形成的高结晶度结构所需要的成本高、能耗大;而天然石墨采用天然鳞片晶质石墨,经过机械加工初步处理得到,其高结晶度是天然形成的。价格低廉的天然石墨作为负极材料,为降低电动车和混合动力汽车的成本提供了优势。我国天然石墨储量丰富,占世界储量的一半以上,在黑龙江、内蒙古等地都有优质的石墨矿藏。若能有效地将其应用于锂离子电池,必将改变我国目前低价出口原料、高价进口成品石墨的局面。因此,针对天然石墨作为锂离子电池负极材料的研究一直在积极开展。

近期,石墨烯的问世又为锂离子电池材料的发展带来了新的机遇。石墨烯从结构上可以看作单层的石墨,是组成很多碳材料如碳纳米管、富勒烯的基本结构单元,自 2004 年石墨烯的独立存在被报道以来,作为具有优异的力、热、电、光等性能的二维纳米碳材料,受到世界各国研究人员的关注。随后科研工作者们对它的制备方法展开大量研究。其中,以能大批量生产石墨烯的化学氧化法备受青睐,将它作为锂离子电池电极材料的应用研究也在如火如荼地进行。

石墨烯作为电极材料存在的缺点是制备成本高、大批量生产困难,以及由于有较大的比表面积会在首次充放电时产生大的不可逆容量等。因此,本书以天然石墨为原料,用优化的化学氧化法制备石墨烯,并将其与有较高容量的过渡金属氧化物复合,这样既可以发挥石墨烯优良的导电性和柔韧性,又能兼顾过渡金属氧化物高比容量的优点,产生不可预料的协同效应。

本书介绍了锂离子电池负极材料的发展,石墨烯、过渡金属氧化物及其复合材料的研究进展,制备石墨烯复合材料所用试剂及电极材料的表征方法,改性天然石墨的制备及电化学性能规律,石墨烯与 GN/ZnO 复合材料制备及电化学性能规律,石墨烯与 Mn_xO_y 复合材料制备化学性能规律。重点将合金式储锂机制的氧化锌与石墨烯复合材料和转换式储锂机制的锰氧化合物与石墨烯复合材料进行对比分析,阐述了电化学性能提高的储锂机制,讨论了材料结构、电荷传递电阻和锂离子扩散系数的影响。

复合材料作为锂离子电池负极材料,不但使可逆容量增加,不可逆容量减小,而且循环性能也相对稳定,最重要的是为石墨烯的应用和解决过渡金属氧化物容量衰减问题提出了方案,这将成为突破石墨低容量限制并开发新型商用负极材料的解决之道。

由于作者水平和经验有限,书中难免有疏漏及不足之处,诚请读者批评指正。

作　者
2021 年 1 月

目　　录

第1章 绪 论

1.1 锂离子电池及其发展

锂离子电池(Li-ion Batteries)是一种二次电池(可充电电池),主要依靠锂离子在正极和负极之间移动来工作。在充放电过程中,锂离子(Li^+)在两个电极之间往返嵌入和脱嵌。充电时 Li^+ 从正极脱嵌,经过电解质嵌入负极,负极处于富锂状态;放电时则相反。

手机和笔记本电脑使用的都是锂离子电池,通常人们称其为锂电池。商用锂离子电池由日本索尼公司最先开发成功。这种电池是把锂离子嵌入碳(石油焦炭和石墨)中形成负极(传统锂电池用锂或锂合金作负极),正极材料常用 Li_xCoO_2,也用 Li_xNiO_2 和 Li_xMnO_4,电解液用 $LiPF_6$+二乙烯碳酸酯(EC)+二甲基碳酸酯(DMC)。石油焦炭和石墨作为负极材料不仅无毒,且资源充足,锂离子嵌入碳中,克服了锂的高活性,解决了传统锂电池存在的安全问题,正极 Li_xCoO_2 在充、放电性能和寿命上均能达到较高水平,使成本降低。

1.1.1 锂离子电池的发展过程

1970 年,埃克森公司的 M. S. Whittingham 采用硫化钛作为正极材料,金属锂作为负极材料,制成首个锂电池。锂电池的正极材料是二氧化锰或亚硫酰氯,负极是锂。电池组装完成后电池即有电压,不需充电。锂离子电池是由锂电池发展而来的。例如,以前照相机里用的扣式电池就属于锂电池。这种电池虽然可以充电,但循环性能不好,在充放电循环过程中易形成锂结晶,造成电池内部短路,所以一般情况下这种电池是禁止充电的。

1982 年,伊利诺伊理工大学(the Illinois Institute of Technology)的 R. R. Agarwal 和 J. R. Selman 发现锂离子具有嵌入石墨的特性,此过程是快速,并且可逆的。与此同时,采用金属锂制成的锂电池,其安全隐患备受关注,因此人们尝试利用锂离子嵌入石墨的特性制作充电电池。首个可用的锂离子石墨电极由贝尔实验室试制成功。

1983 年，M. Thackeray、J. Goodenough 等人发现锰尖晶石是优良的正极材料，具有低价、稳定和优良的导电、导锂性能。其分解温度高，且氧化性远低于钴酸锂，即使出现短路、过充电，也能够避免燃烧、爆炸的危险。

1989 年，A. Manthiram 和 J. Goodenough 发现采用聚合阴离子的正极可以产生更高的电压。

1992 年，日本索尼公司发明了以碳材料为负极，以含锂的化合物为正极的锂电池，在充放电过程中，没有金属锂存在，只有锂离子，这就是锂离子电池。随后，锂离子电池革新了消费电子产品的面貌。此类以钴酸锂作为正极材料的电池，至今仍是便携电子器件的主要电池电源。

1996 年，Padhi 和 Goodenough 发现具有橄榄石结构的磷酸盐，如磷酸铁锂（$LiFePO_4$），比传统的正极材料更具安全性，尤其耐高温、耐过充电性能远超传统锂离子电池材料。

纵观电池发展的历史，可以看出当前世界电池工业发展的三个特点：一是绿色环保电池迅猛发展，包括锂离子蓄电池、氢镍电池等；二是一次电池向蓄电池转化，符合可持续发展战略；三是电池进一步向小、轻、薄方向发展。在商品化的可充电电池中，锂离子电池的比能量最高，特别是聚合物锂离子电池，可以实现可充电电池的薄形化。正因为锂离子电池的体积比能量和质量比能量高，可充且无污染，具备当前电池工业发展的三大特点，所以在发达国家中有较快的增长。电信、信息市场的发展，特别是移动电话和笔记本电脑的大量使用，给锂离子电池带来了市场机遇。而锂离子电池中的聚合物锂离子电池以其在安全性方面的独特优势，将逐步取代液体电解质锂离子电池，成为锂离子电池的主流。聚合物锂离子电池被誉为"21世纪的电池"，将开辟蓄电池的新时代，发展前景十分乐观。

2015 年 3 月，日本夏普与京都大学田中功教授联合成功研发出使用寿命可达 70 年之久的锂离子电池。此次试制出的长寿锂离子电池，体积为 8 cm^3，充放电次数可达 2.5 万次，并且夏普方面表示，此长寿锂离子电池实际充放电 1 万次后，其性能依旧稳定。

2019 年 10 月 9 日，瑞典皇家科学院宣布，将 2019 年诺贝尔化学奖授予 John B. Goodenough、M. Stanley Whittingham、Akira Yoshino，以表彰他们在锂离子电池研发领域做出的贡献。

1.1.2　锂离子电池的种类

根据锂离子电池所用电解质材料的不同，锂离子电池分为液态锂离子电池（Liquified Lithium-Ion Battery，LIB）和聚合物锂离子电池（Polymer Lithium-Ion Battery，PLB）。

可充电锂离子电池是手机、笔记本电脑等现代数码产品中应用最广泛的电池，但它较为"娇气"，在使用中不可过充、过放（会损坏电池或使之报废）。因此，电池上有保护元器件或保护电路以防止昂贵的电池损坏。锂离子电池充电要求很高，要保证终止电压精度在±1%之内，各大半导体器件厂已开发出多种锂离子电池充电的充电器，以保证安全、可靠、快速地充电。

手机基本上都是使用锂离子电池。正确使用锂离子电池对延长电池寿命十分重要。根据不同的电子产品的要求可以做成扁平长方形、圆柱形、长方形及扣式，并且有几个电池串联或并联在一起组成的电池组。锂离子电池的额定电压因为材料的变化一般为 3.7 V，磷酸铁锂（以下称磷铁）正极电压则为 3.2 V。充满电时的终止充电电压一般为 4.2 V，磷铁为 3.65 V。锂离子电池的终止放电电压为 2.75～3.0 V（电池厂给出工作电压范围或给出终止放电电压，各参数略有不同，一般为 3.0 V，磷铁为 2.5 V）。低于 2.5 V（磷铁 2.0 V）继续放电称为过放，过放对电池会有损害。

钴酸锂材料作为正极的锂离子电池不适合用作大电流放电，过大电流放电时会降低放电时间（内部会产生较高的温度而损耗能量），并可能发生危险；但磷酸铁锂正极材料锂电池，可以以 20 C 甚至更大（C 是电池的容量，如 1 C＝800 mA·h，1 C 充电率即充电电流为 800 mA）的电流进行充放电，特别适合电动车使用。因此电池生产厂给出最大放电电流，在使用中应小于最大放电电流。锂离子电池对温度有一定要求，工厂给出了充电温度范围、放电温度范围及保存温度范围，过压充电会造成锂离子电池永久性损坏。锂离子电池充电电流应根据电池生产厂的建议，并要求有限流电路以免发生过流（过热）。一般常用的充电倍率为 0.25～1 C。在大电流充电时要检测电池温度，以防止过热损坏电池或产生爆炸。

锂离子电池充电分为两个阶段：先恒流充电，到接近终止电压时改为恒压充电。例如，一种 800 mA·h 容量的电池，其终止充电电压为 4.2 V。电池以 800 mA（充电率为 1 C）恒流充电，开始时电池电压以较大的斜率升压，当电池电压接近 4.2 V 时，改成 4.2 V 恒压充电，电流渐降，电压变化不大，到充电电流降为 1/10～50 C（各厂设定值不一，不影响使用）时，认为接近充满，可以终止充电（有的充电器到 1/10 C 后启动定时器，经过一定时间后结束充电）。

1.1.3 锂离子电池的优缺点

1. 锂离子电池的优点

(1)电压高。

锂离子电池的工作电压高达 3.7 ~ 3.8 V（磷酸铁锂为 3.2 V），是 Ni-Cd、Ni-MH 电池的 3 倍。

(2)比能量大。

锂离子电池能达到的实际比能量为 555 Wh/kg 左右，即材料能达到 150 mA·h/g 以上的比容量（是 Ni-Cd 电池的 3 ~ 倍，是 Ni-MH 电池的 2 ~ 3 倍），已接近其理论值的 88%。

(3)循环寿命长。

一般锂离子电池循环寿命均可达到 500 次以上，其至达到 1 000 次以上，磷酸铁锂电池可达到 2 000 次以上。对于小电流放电的电器，电池的使用期限将倍增电器的竞争力。

(4)安全性能好。

锂离子电池无公害、无记忆效应。作为锂离子电池前身的锂电池，因金属锂易形成枝晶发生短路，缩减了其应用领域。锂离子电池中不含镉、铅、汞等对环境有污染的元素，而部分工艺（如烧结式）的镍镉电池存在"记忆效应"这一大弊病，严重束缚电池的使用，但锂离子电池不存在这方面的问题。

(5)自放电小。

室温下充满电的锂离子电池储存 1 个月后的自放电率为 2% 左右，大大低于镍镉电池的 25% ~30% 和镍氢电池的 30% ~35%。

(6)快速充电。

锂离子电池充电 30 min 容量可以达到标称容量的 80% 以上，磷铁电池充电 10 min 可以达到标称容量的 90%。

(7)工作温度。

锂离子电池工作温度为 -25 ~ 45 ℃，随着电解液和正极的改进，期望能扩宽到 -40 ~ 70 ℃。

2. 锂离子电池的缺点

(1)易衰退。

与其他充电电池不同，锂离子电池的容量会缓慢衰退，与使用次数有关，也与温度有关。这种衰退的现象可以用容量减小表示，也可以用内阻升高表示。

锂离子电池寿命与温度有关,所以工作电流高的电子产品更容易体现,其寿命用钛酸锂取代石墨可以延长寿命。表 1.1 列出了储存温度与容量永久损失速度的关系。

表 1.1　锂离子电池储存温度与容量永久损失速度的关系

充电电量	储存温度 0 ℃	储存温度 25 ℃	储存温度 40 ℃	储存温度 60 ℃
40% ~60%	2%/年	4%/年	15%/年	25%/年
100%	6%/年	20%/年	35%/年	80%/6 月

(2)回收率高。

大约有 1% 的出厂新品因种种原因需要回收。

(3)不耐受过充。

过充电时,过量嵌入的锂离子会永久固定于晶格中而无法再释放,导致电池寿命变短。

(4)不耐受过放。

过放电时,电极脱嵌过多锂离子,导致晶格坍塌,从而缩短寿命。

1.1.4　锂离子电池的新发展

1. 聚合物类

聚合物锂离子电池是在液态锂离子电池基础上发展而来的,以导电材料为正极,碳材料为负极,电解质由凝胶态有机导电膜组成,并采用铝塑膜作为最新一代可充锂离子电池。由于性能更加稳定,因此它也被视为液态锂离子电池的更新换代产品。很多企业都在开发这种新型电池。

2. 动力类

严格来说,动力锂离子电池是指容量在 3 A·h 以上的锂离子电池,泛指能够通过放电给设备、器械、模型、车辆等提供驱动的锂离子电池,由于使用对象的不同,电池的容量可能达不到单位 A·h 的级别。动力锂离子电池分高容量和高功率两种类型。高容量电池可用于电动工具、自行车、滑板车、矿灯、医疗器械等;高功率电池主要用于混合动力汽车及其他需要大电流充放电的场合。根据内部材料的不同,动力锂离子电池相应地分为液态动力锂离子电池和聚合物锂离子动力电池。

3. 高性类

为了突破传统锂电池的储电瓶颈,研制一种能在很小的储电单元内储存更多电力的全新铁碳储电材料。此前这种材料的明显缺点是充电周期不稳定,电池在多次充放电后储电能力明显下降。为此,改用一种新的合成方法。用几种原始材料与一种锂盐混合并加热,生成了一种带有含碳纳米管的全新纳米结构材料。

稳定的铁碳材料的储电能力已达到现有储电材料的 2 倍,而且生产工艺简单、成本较低,其高性能可以保持很长时间。领导这项研究的马克西米利安·菲希特纳博士说,如果能够充分开发这种新材料的潜力,将来可以使锂离子电池的储电密度提高 5 倍。

4. 石墨烯负极材料锂离子电池

石墨烯作为储能的电极材料,具有较大的比表面积、稳定的化学结构和良好的电子电导率,且储存锂离子的容量是石墨的 2 倍,无论是单独作为电极材料,还是发挥其他特性,都有较好的应用前景。石墨烯结构示意图如图 1.1 所示。石墨烯为基本单元可包裹成 0 维的巴基球,卷曲成 1 维的纳米管,堆垛成石墨。

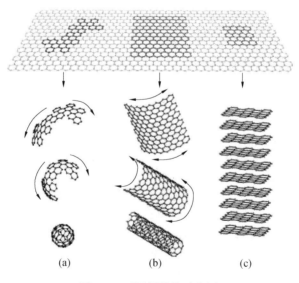

图 1.1　石墨烯结构示意图

1.2　锂离子电池的工作原理

锂离子电池,又称为"摇椅"型电池,主要构成部分有正、负极材料,隔膜,电解液等,其工作原理是锂离子在正负极之间往复运动,就像来回摇动的椅子。通常正极和负极材料都是具有能够让锂离子嵌入/脱出的层状或隧道结构,结构情况直接影响锂离子嵌入/脱出的数量和难易程度,宏观的表现是锂离子电池的电化学性能,所以电极材料的制备和结构成为研究的焦点。常用的正极材料可分为聚合物材料、无机材料和复合材料,无机材料占绝大部分,常用的有 $LiCoO_2$、$LiMn_2O_4$、$LiNiO_2$ 等,由于 $LiCoO_2$ 是典型的层状结构,被索尼公司较早应用到商业电池中。

锂离子电池在采用石墨为负极、$LiCoO_2$ 为正极时,其正常工作时的原理可由图 1.2 形象地表示,充电和放电的化学反应式为

正极反应: $$LiCoO_2 \longleftrightarrow Li_{1-x}CoO_2 + xLi^+ + xe^-$$ (1.1)

负极反应: $$6C + xLi^+ + xe^- \longleftrightarrow Li_xC_6$$ (1.2)

总反应: $$6C + LiCoO_2 \longleftrightarrow Li_{1-x}CoO_2 + Li_xC_6$$ (1.3)

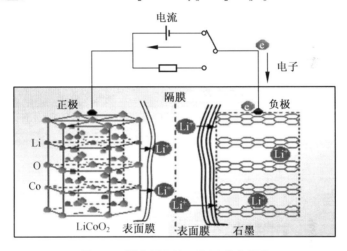

图 1.2　锂离子电池工作原理示意图

成为锂离子电池的负极材料应满足以下几个条件:

(1)相对较高的理论容量。

(2)较好的电子电导率。

(3)较大的库仑效率。

(4)相对于正极有较低的电极电势。

(5)可逆性好,能反复嵌入/脱出锂离子。

(6)热力学稳定性好。

(7)有良好的结构稳定性。

(8)成本低、储量丰富、污染小等。

然而,现有的负极材料可能只符合以上条件的一个或几个,除石墨类外均不能达到商业推广使用的程度,因此改进和挖掘新型的、性能优良的负极材料已成为研究者的主要课题。目前根据材料的不同,负极材料可以分为石墨/碳类、锡/硅基类、钛酸锂类、过渡金属氧化物类和它们衍生的相关材料等。

1.3 锂离子电池的负极材料

人们对锂离子电池负极材料能量密度和体积密度的要求日益增加,而负极材料能否得到广泛的应用,与其储锂能力和循环性能有直接关系,因此开发新型负极材料成为未来锂离子电池发展的重要目标。现今,石墨/碳类材料、锡/硅基类材料、钛酸锂类材料、过渡金属氧化物类材料作为锂离子电池负极材料被广泛地研究。

1.3.1 石墨/碳类负极材料

对于完整晶态的石墨,层间嵌入锂离子后结构如图1.3所示,锂离子进入石墨的层间与碳形成 Li_xC_6 化合物,若按最大嵌锂容量计算即为 372 mA·h/g。石墨原有层间距为 0.335 4 nm,锂离子嵌入石墨层间后增大到0.370 nm。即使按理论达到最大限度,石墨层间化合物(GIC)的体积只增加了 10%。因此,石墨被认为是较稳定的电极材料,与其他类负极材料相比有良好的循环性能。

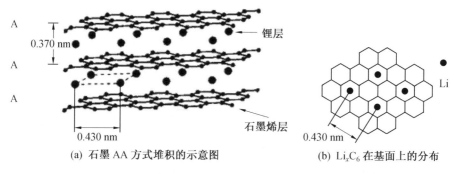

(a) 石墨 AA 方式堆积的示意图   (b) Li_xC_6 在基面上的分布

图1.3　石墨层间化合物结构

天然石墨作为负极材料时,其表面结构、颗粒形态及表面性质对电化学性能都有一定的影响。阙素荣等人研究了我国几种不同石墨的结构及其电化学性能,结果表明石墨产地不同,结构也不同,而其结构不同直接影响电化学性能。由于是天然的矿物,在形成过程中会存在一定的缺陷,如碳层上存在以 sp 或 sp^3 形式而不是以 sp^2 杂化轨道成键的碳原子,造成碳层上电子密度不平衡而发生平面的变形,或是碳层不是按照规则的 ABAB 形式堆积,造成层面堆积缺陷等。作为天然形成的自然矿物,它的碳层可以排成不同的六方 2H 和菱形 3R 晶相,而不同晶相具有不同的比容量。如图 1.4 所示,碳层堆垛成具有各向异性,并有不同边缘的结构,使锂离子进入碳层情况有差异,相对来说锂离子易从其端面插入。另外,天然石墨在使用前要进行除灰及球磨等工序的处理,会造成碳层上的结构缺陷,使其对电解液非常敏感,容易被电解液中的有机分子进攻,从而产生较大的不可逆容量,严重的会使碳层剥落,失去储锂功能,导致其有较差的循环稳定性能。因此天然石墨要经过一定的改性处理,使本身结构趋于有序和稳定,作为负极材料时才具有可循环稳定性好、使用寿命长,以满足商用的需求。

目前针对石墨的改性主要采用物理或化学的方法,对其表面结构进行修饰或改性,方法有掺杂、表面氧化和包覆等,都可以提高石墨电极材料的电化学性能。当今科技发展迅猛,电子产品对锂离子电池需求增加,造成石墨的理论容量越来越不能满足大型电子设备和电动车的要求。有必要在研究改性天然石墨作为负极材料降低生产成本的同时,研究能够提高储锂容量,并增强循环性能稳定的有效途径。

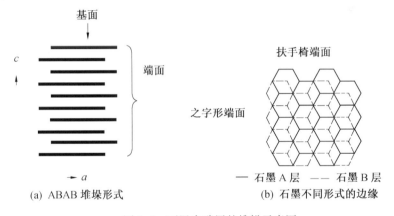

图 1.4　石墨中碳层的堆垛示意图

从以上分析可知,天然石墨材料的结构缺陷使锂离子在嵌入脱出和扩散的过程中受到阻碍,不利于储锂容量的保持,使锂离子电池的首次库仑效率较低。通过一定的改性措施可以对天然石墨的结构进行处理,改变其结构以提高电化学性能,如不可逆容量降低、循环性能稳定,使其更适合作为锂离子电池负极材料。改性使天然石墨负极结构利于储存锂离子,形成稳定的 SEI 膜,改善了电化学性能。改性的目的是减少天然石墨的缺陷位,使锂与碳的结合更稳定、更容易,进而提高材料的电化学性能。

1.3.2　锡/硅基负极材料

锡/硅基材料属于合金类储锂机制的电极材料,这类负极材料主要包括单质硅、锗和锡等。其在工作时发生的锂化反应是与锂金属形成合金,每摩

尔此类材料最多可以与 4.4 mol 锂形成 $Li_{4.4}M$，所发生的电化学反应为

$$4.4Li^+ + M + 4.4e^- \longrightarrow Li_{4.4}M \quad (M = Si、Ge、Sn) \quad (1.4)$$

其中，硅是目前已知的比容量最高的负极材料，单质硅的理论比容量可以达到 4 200 mA·h/g，但是它也有无法克服的自身缺点，如电子电导率低，在锂离子嵌入和脱出过程中体积增大到原有材料的 4 倍，电极材料体积的急剧变化，使材料结构被破坏，最终导致电极材料失去电化学活性，所以现在仍不能实际应用。为改善其电化学性能，广泛采用的方法有几种，如将硅制备成纳米材料、纳米管阵列及与稳定的碳材料复合等方法，这些方法之所以能明显提高它的电化学性能，主要是由于纳米结构材料改变了锂离子的传输路径，并有效抑制了材料在充放电过程中的体积膨胀。锡基材料虽然也有高于石墨类材料的比容量，但首次不可逆容量损失较大，循环性能不理想。

锡/硅基材料通过与碳复合，能有效抑制其颗粒的膨胀应力，减少对材料结构的破坏，改善电化学性能。因此，设计不同纳米锡/硅材料的形貌，或将其制备成复合材料，将是研究者提高电化学性能的主要探寻方向。

1.3.3 钛酸锂类负极材料

K. Zaghib 在电化学会议上提出，可采用钛酸锂材料作为锂离子电池的负极材料和超级电容器的电极材料，之后研究人员逐渐开始研究和开发钛酸锂类负极材料，主要包括 TiO_2 和 $LiTi_xO_y$ 及其各种改性材料。其中，TiO_2 是研究得最早的金属氧化物负极材料。钛酸锂（$Li_4Ti_5O_{12}$）属于尖晶石结构，是面心立方结构（空间群 $Fd-3m$），$Li_4Ti_5O_{12}$ 的理论比容量为 175 mA·h/g，具有平坦的充放电平台，可避免 SEI 膜的形成，具有较好的安全性能。发生储锂电化学反应后材料的体积只变化 0.2%，因此被称为"零应变材料"。

但 $Li_4Ti_5O_{12}$ 作为负极材料存在两个主要的缺点：$Li_4Ti_5O_{12}$ 的电子电导率低，室温下电子电导率为 $10^{-9} \sim 10^{-7}$ S/cm，属于一种半导体材料；放电电压平台太高，对正极材料的要求比较苛刻。锂在 $Li_4Ti_5O_{12}/Li_7Ti_5O_{12}$ 两相中扩散时受到扩散速率的控制，其电导率低导致大电流下比容量衰减严重、高倍率性能差。研究者在改性钛酸锂方面做了很多工作，如将其制备成纳米材料，缩短锂离子的传输路径，或导电性好的碳材料复合，掺杂其他电极材料等用来提高钛酸锂的电子电导率以改善其电化学性能。

1.3.4 过渡金属氧化物类负极材料

金属氧化物作为负极材料在储锂机制上有插入式、合金式及转换式储锂三种，其基本结构特征位于元素周期表第四周期 d 区，有些含有多个价

态,所以作为负极材料的多是过渡金属氧化物。在 2000 年,Tarascon 课题组报道了纳米尺度的过渡金属氧化物 M_xO_y (M = Fe、Co、Ni、Cu 等) 可以作为锂离子电池负极材料,且具有良好的电化学性能。同时,还提出了纳米过渡金属氧化物材料的一种新的转换式储锂机制,基于如下反应:

$$M_xO_y+2yLi \longleftrightarrow xM+yLi_2O \qquad (1.5)$$

这是一个氧化还原反应,并具有较高的储锂容量,一般过渡金属氧化物的理论容量都在 600 mA·h/g 以上,这数值远大于传统的碳基负极材料,所以被广泛研究,常见的过渡金属氧化物有 Fe_2O_3、Fe_3O_4、Co_3O_4、CuO、NiO 等。

Fe_2O_3 理论容量为 1 006 mA·h/g,Fe_3O_4 的理论容量为 925 mA·h/g,共同的特点是在充放电时,锂离子嵌入和脱出会引起较大的体积变化,原有的结构崩塌,导致循环性能和倍率性能较差。研究人员进行了多种手段改进,如 Gao 等人制备了 Fe_3O_4 八面体,在 50 mA/g 的电流密度下的首次放电比容量可达到 1 077 mA·h/g。Deng 合成中空茧结构的 Fe_2O_3,在 200 mA/g 的电流密度下,可充放电循环 120 次并且比容量仍为 437 mA·h/g。Li 等人制备了多孔褶皱状 Fe_3O_4 薄膜,在 0.1 C、0.2 C、0.5 C 倍率下的比容量分别为 1 100 mA·h/g、880 mA·h/g 和 660 mA·h/g,在 1 A/g 的电流密度下,100 次充放电循环后比容量从 432 mA·h/g 降低至 366 mA·h/g,比容量的保持率为 85%。

另外,Lu 等人合成了大孔的 Co_3O_4,可逆容量为 1 091 mA·h/g,30 次充放电循环后容量基本不变化。Zhang 等人用水热法合成了 Co_3O_4 纳米线,100 次充放电循环后,容量仍达到 1 300 mA·h/g,几乎没有衰减,在 8 A/g 的大电流密度下,可逆容量仍有 450 mA·h/g。Wang 等人通过调节氨的量实现雪花状和六角状的 Co_3O_4 片形貌的转换,雪花状的 Co_3O_4 在 500 mA/g 的电流密度下,有 1 044 mA·h/g 的容量,100 次循环后库仑效率在 86% ~ 98%,在 2 000 mA/g 的电流密度下,其容量仍维持在 977 mA·h/g。

在众多的过渡金属氧化物中,ZnO 和 Mn_xO_y 是最为常见的两种,被作为光催化剂和超级电容器材料的研究较多,作为锂离子电池负极材料,其共同特点是理论容量高、自然储备丰富、无毒、成本低。但同样存在电子电导率差、充放电体积变化大、容量衰减严重的缺点,本书将对这两类过渡金属氧化物进行研究。

1.4　改进负极材料的措施

到目前为止,虽然科研工作者已经开发出多种电极材料应用于锂离子电池,但是这些电极材料仍然存在若干问题,如石墨/碳类材料的理论容量不能满足高容量设备的需求;一些金属氧化物类负极材料容量高,但导电性较差;钛酸锂及其衍生物类稳定性较好,理论容量却不高;锡/硅类负极材料循环稳定性较差等。为了解决这些问题,科研工作者尝试了多种改进措施,希望提高负极材料可逆容量、导电性及循环稳定性等性能中的一个方面或者几个方面。以下总结了最常见且被广泛采用的改进负极材料的几种方法。

1.4.1 材料结构纳米化

自纳米材料开始被用作锂离子电池的电极材料研究以来,其高比表面积和多孔性等特点受到广泛关注。纳米材料用作负极材料时,其高比表面和多孔性有利于减少锂离子传输路径的长度,提高电极材料的稳定性和比容量。此外,一些复合纳米材料由于减少了电子传导路径,可以降低锂离子电池的内部电阻,电极材料在高的充/放电电流密度下也有较高的比容量。

具体来说,纳米电极材料具有以下几方面的优势:

(1)表面储锂在总储锂容量中占有重要的地位,纳米结构的电极材料能提高电极材料与电解液较大的接触表面积,大的表面积有利于容量的保持。

(2)纳米结构的电极材料能够缩短锂离子和电子的传输路径,进而改善了材料的电化学性能。

(3)充放电时锂化反应会使电极材料产生较大的体积变化而失去一定的电化学活性,但纳米电极材料能吸收充放电过程中锂离子嵌入/脱出造成的体积效应,保持电极材料的整体性。

(4)当过渡金属氧化物尺寸达到纳米级时,充放电中电极材料层以新机制进行电化学反应。

研究表明:纳米结构的过渡金属氧化物在经过 100 次循环后,容量仍保持 100% 未衰减,并且都在 700 mA·h/g 以上。Kim 等人发现 3 nm 的 SnO_2 颗粒比容量和循环性能都要比直径为 4 nm 和 8 nm 的颗粒优良,主要原因是能更好地分散在 Li_2O 的阵列中从而减少团聚。Stashans 证实了这种机制产生高储锂容量的原因,即在纳米结构内部,锂离子的传输是各向异性的。$NiO-Ni$ 和 Fe_2O_3-Ni 壳核的纳米结构的充放电性能如图 1.5 所示,在大倍率下,纳米电极材料仍具有良好的充放电性能。

通过以上讨论可知,纳米结构的电极材料能够表现出较优异的电化学性能,是因为它的纳米结构缩短了锂离子和电子的传输路径长度,进而提高了电极材料的导电性能;同时纳米结构电极材料因为颗粒小,体积变化程度也小,使纳米电极材料的结构保持相对稳定,从而有利于提高其电化学稳定性。

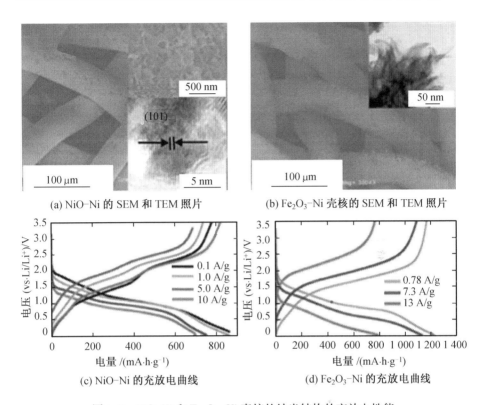

(a) NiO–Ni 的 SEM 和 TEM 照片　　　(b) Fe₂O₃–Ni 壳核的 SEM 和 TEM 照片

(c) NiO–Ni 的充放电曲线　　　　　　(d) Fe₂O₃–Ni 的充放电曲线

图 1.5　NiO–Ni 和 Fe₂O₃–Ni 壳核的纳米结构的充放电性能

1.4.2　设计形貌特殊的负极材料

纳米材料在一定程度上能有效地提高电极材料的比容量和循环性能,但是在多次的充放电过程中,易发生颗粒团聚的现象。要保持其优良的电化学性能,纳米材料的团聚问题必须解决,较好的解决途径是将电极材料制备成特殊的纳米结构,限制颗粒团聚以保证电极反应过程正常进行。如将电极材料制备成中空结构、壳-核结构和多层结构等。

新加坡南洋理工大学楼雄文课题组就不同形貌的 SnO_2 做了大量的工作,图 1.6 所示为 SnO_2 的特殊形貌。由于 SnO_2 结构的各向同性,制备非球形结构的形貌非常困难,他们采用 $SnCl_4$ 腐蚀预先制备的 Cu_2O 纳米立方块的方法(图 1.6(e)),得到 SnO_2 纳米空心立方块,经热处理后得到性能更优的 SnO_2 纳米空心立方块。测试此材料的电化学性能,在 0.2 C 下 40 次循环后,容量为 570 mA·h/g。表 1.2 列出了中空结构的 SnO_2 与实心颗粒的 SnO_2 储锂容量对比数据。

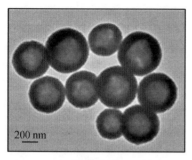

(a) 空心球   (b) 双层空心球

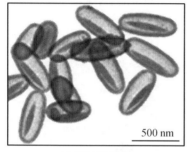
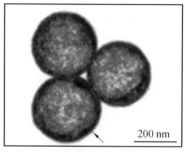

(c) 双层蚕茧状   (d) 碳包覆的空心球

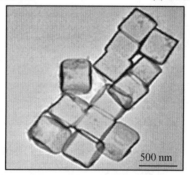

(e) SnO$_2$ 纳米空心立方块

图 1.6   SnO$_2$ 的特殊形貌

表 1.2   中空结构的 SnO$_2$ 与实心颗粒的 SnO$_2$ 储锂容量对比数据表

材料	中空结构的储锂容量/(mA·h·g^{-1})	实心颗粒的储锂容量/(mA·h·g^{-1})
未包覆 SnO$_2$	中空球,30 次循环后为 700	30 次循环后 400
碳包覆 SnO$_2$	碳包覆中空球,100 次循环后为 460	30 次循环后 200

    研究结果表明,特殊结构的纳米材料更能提高电极材料的电化学性能。因为特殊形貌结构的电极材料能有效抑制电极材料纳米颗粒在电化学反应

过程中的团聚,保证电极材料在反复体积膨胀和收缩过程中结构维持稳定,从而延长其循环寿命;另外,这些特殊的形貌可以增大电极材料与电解液接触面积的有效性,同时还可以缩短锂离子扩散路径;且特殊的形貌结构产生的弹性变化能抵消电极材料循环过程中产生的较大的体积变化,为锂离子提供更多的储存空间,增加电极材料的可逆容量,最终提高了电极材料的电化学性能。所以,制备负极材料的特殊形貌一直是改进负极材料的一个重要的研究方向,在提高材料循环性能方面得到了广泛应用。

1.4.3　构建二元或多元负极材料

不同的电极材料通常具有不同的优点和缺点,例如,有的电极材料有较高的理论容量,但循环性能差;有的电极材料有良好的循环性能,但容量不高。如果将具有不同优点的电极材料复合成二元或多元负极材料,将同时具有高容量和较好循环性能的优势。Lou 课题组通过调控原料溶液的不同比例,制备了 $CoMn_2O_4$ 和 $MnCo_2O_4$ 的二元金属氧化物微纳米结构,电化学测试结果表明此二元金属氧化物在不同的电流密度下,电极材料均具有较高的容量,为 540 ～ 607 mA·h/g,其性能优于单纯的单一的金属氧化物,体现了二元金属氧化物能充分利用每种金属氧化物优点进行互补的优势,实现了电极材料功能的优化。Reddy 等人合成了 $CuCo_2O_4$ 和 $CuO·Co_3O_4$ 化合物,温度大于 510 ℃时显示有 $CuO·Co_3O_4$ 出现,此化合物的循环伏安测试结果显示在 2.1 V 有氧化峰,在 1.2 V 有还原峰,在 60 mA/g 电流密度下,其容量为 680 mA·h/g,经过 40 次循环后容量达到 740 mA·h/g。Co 元素可以与其他多种金属形成尖晶石结构的二元化合物,在其应用为锂离子电池电极材料时有较好的发展潜力,如 $ZnCo_2O_4$、$NiCo_2O_4$、$FeCo_2O_4$、$MgCo_2O_4$ 等二元金属氧化物都有报道。另外,Mn 构成的二元负极材料也受到研究者的关注。

1.4.4　与碳材料复合

碳材料作为负极材料有两大优点,即较好的导电性和较稳定的结构,较好的导电性可以提高电子的传输速率,而较稳定的结构可以改善电极材料在充放电过程中发生的体积变化,因此成为改善很多负极材料性能的优先选择。负极材料与碳复合时有多种形式,主要表现为以无定形碳的形式包覆在电极材料表面,与碳纳米管复合或与石墨烯合成复合材料,与石墨烯的复合将在1.5 节详细介绍,这里主要说明前两种情况。

Yuan 等人用浸渍水热法制备由 Co_3O_4 还原得到的多面体结构 CoO/C复合材料,形成多孔分级结构,图 1.7 所示为 CoO/C 复合材料的循环性能和倍率性能曲线。其首次充电容量达到 1 025 mA·h/g,在 100 mA/g 的电流密度下,50 次循环后仍保持 510 mA·h/g 的可逆容量,库仑效率达 99%,这种组合而成的多面体结构能充分地与电解液接触,并缓解电极材料的体积膨胀,因此提高了电化学性能。

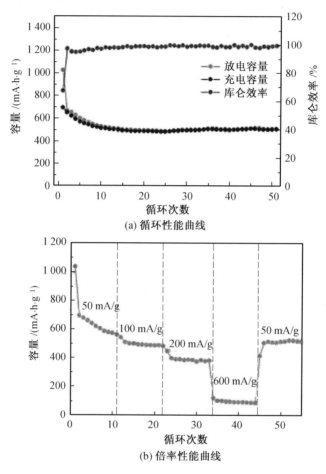

图 1.7 CoO/C 复合材料的循环性能和倍率性能曲线

Wang 等人制备了氮处理的 Fe_3O_4/C 复合材料,由包覆普鲁士蓝碳化聚多巴胺处理得到,此复合材料在 200 mA/g 的电流密度下,200 次循环后,仍有 878.7 mA·h/g 的容量,如图 1.8 所示。

楼雄文等人研究的 Fe_2O_3 未与碳纳米管复合,30 次循环后比容量在 300 mA·h/g 以下,把 FeOOH 与碳纳米管复合,热处理后得到 Fe_2O_3 空心管/CNT 的多级结构,在 500 mA/g 电流密度下的容量达到 500 mA·h/g,然后用葡萄糖进行碳包覆最后得到 Fe_2O_3/CNT 多级复合结构,在相同测试条

件下该复合材料经过 100 次循环后,比容量达到 820 mA·h/g。而此材料在
3 000 mA/g电流密度下,C/Fe$_2$O$_3$/CNT 复合结构比容量达到400 mA·h/g,
显示出良好倍率性能。

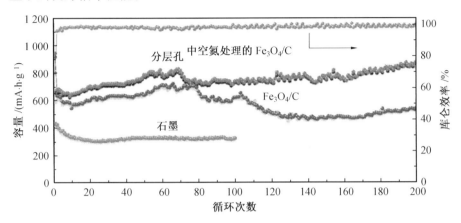

图 1.8　Fe$_3$O$_4$/C 复合材料的循环性能曲线

　　综上所述,为了开发出比容量高、循环性能优良、环境友好和成本低的
负极材料,研究人员做出了大量的努力,但现如今商业应用的负极材料种类
并不丰富,因为材料的结构、形貌、分类等多种复杂因素都可能对材料的电
化学性能产生一定的影响,这些因素还可能交互起作用,也就是说改善负极
材料的方法单从某一个方面出发,并不能取得良好的效果,影响电极材料发
生电化学反应的因素和过程十分复杂,所以为得到理想的负极材料,仍需长
期不懈的努力。

1.5　石墨烯和过渡金属氧化物及其复合材料的研究进展

　　对目前这几类负极材料进行综合分析,发现合金类负极材料虽然比容
量较高、体积能量密度较大,但自身体积在发生电化学反应时变化太大,材
料不能保持原有结构,容易粉化;钛酸锂类虽然是零应变的材料但理论容量
低,不能满足市场需要。相对于合金类和钛酸锂类,石墨及金属氧化物成为
研究的焦点。石墨负极材料成本低、环境友好、原料丰富,占现在市场的主
要地位,但其理论容量仅为 372 mA·h/g;过渡金属氧化物种类多,作为负极
储锂有嵌入式、合金式和转换式多种情况,且比容量较高,但充放电时材料
体积膨胀会造成能量衰减,限制了其实现产业化,可见过渡金属氧化物更具

有研究和推广的价值。因此将天然石墨制得的石墨烯与过渡金属氧化物类负极材料复合,取各自优点合成石墨烯/过渡金属氧化物的复合材料,必将有较好的发展前景。

正如前面所分析的,石墨/碳类和过渡金属氧化物类负极材料都有应用和研究的潜力,但其存在先天的不足,石墨/碳类容量相对不高,不能满足市场快速发展的需要,过渡金属氧化物的导电性不佳,而石墨烯与过渡金属氧化物的复合是当今备受关注的焦点,故有必要深入研究其结构、电化学性能及结构对储锂机制的影响,有针对性地提高其应用价值。从降低负极材料成本和绿色环保角度出发,本书以天然石墨为原料制备优良的石墨烯负极材料,并与 ZnO 和 Mn_xO_y 合成不同立体结构的复合材料,为天然石墨的推广应用和新型纳米负极材料开发提供依据。

1.5.1　石墨烯作为电极材料

石墨烯是只有一层碳原子的二维纳米片层,作为基本结构单元可包裹成零维的巴基球,卷曲成一维的碳纳米管,堆垛成石墨,它有特殊的物理特性,如无损电量的输运、较大($2\ 600\ m^2/g$)的比表面积等。这些特性均可以使石墨烯应用于锂离子电池作为转换和储存能量的负极材料。对于石墨烯储存锂离子的原理,可以追溯到 Dahn 对不同类碳材料储锂机制的研究,他在对硬碳进行储锂研究时发现了石墨烯,认为锂离子可以在石墨烯的两侧储存,形成 Li_2C_6 的插层化合物,这样石墨烯的容量为 744 mA·h/g(是石墨理论容量的 2 倍),大大提高了储存锂离子的容量。有许多活性位置位于石墨烯片层的边缘,这些位置上主要是含氧官能团及氢原子,在充放电时也可以储存锂离子。石墨烯因为具有不到 1 nm 的超薄厚度,很容易起伏或交叠形成多孔结构,这些孔也有利于石墨烯储存锂离子,其超薄纳米结构还可以有效缩短锂离子扩散距离,减少扩散时间,从而提高锂离子电池的性能;此外,由于石墨烯具有这样的多孔结构,方便与电解液充分接触,从另一方面提高了锂离子的扩散速率。

对石墨烯电化学性能的研究结果显示,首次放电容量能超过 2 000 mA·h/g,但在充电时并不能可逆地释放出来,主要是因为石墨烯较大的比表面积使锂离子在首次形成固体电解质膜(SEI)时被大量消耗,形成较大不可逆容量。另外,石墨烯在反复储锂过程中还有一个缺点,即重新堆垛成多层的致密结构,失去两侧储锂优势从而可逆容量衰减。石墨烯的电化学性能如图 1.9 所示,Wang 等人制备的石墨烯虽然首次的放电容量达到 960 mA·h/g,但充电容量降为 640 mA·h/g,第 2 次循环后容量为

560 mA・h/g,经过 100 次循环后,容量已降为 440 mA・h/g 左右。不同方法制备的石墨烯电化学性能见表 1.3,也都显示它的不可逆容量较大。

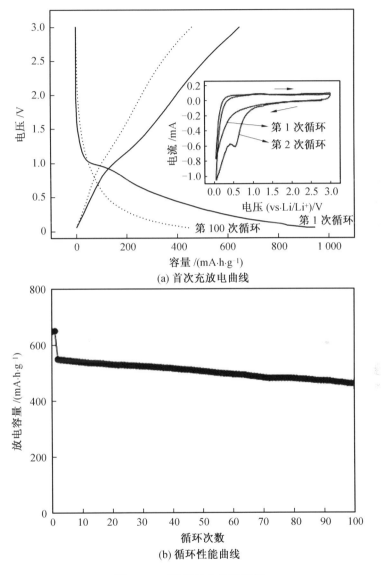

(a) 首次充放电曲线

(b) 循环性能曲线

图 1.9　石墨烯的电化学性能

目前,在关于石墨烯的制备研究中,大多研究者以人造石墨为原料,但从我国国情出发,可以开发以天然石墨为原料的制备方法,为天然石墨除密封、润滑、阻燃等传统应用领域外,提供使用的新方向。

表1.3 不同方法制备的石墨烯电化学性能

制备方法	放电容量 /(mA·h·g⁻¹)	充电容量 /(mA·h·g⁻¹)	不可逆容量 /(mA·h·g⁻¹)	参考文献
H_2SO_4 和 $KMnO_4$ 作氧化剂，1 050 ℃热还原	2 035	1 264	771	[58]
H_2SO_4 和 $KMnO_4$ 作氧化剂，N_2H_4 还原	960	640	320	[59]
H_2SO_4、HNO_3 和 $KClO_3$ 作氧化剂，超声剥离	1 233	672	561	[62]

1.5.2 过渡金属氧化物作为电极材料

金属氧化物中的过渡金属氧化物如铁、锰、锌、铜等都具有资源丰富、价格低廉且易于生产等特点，这对于其应用到锂离子电池领域具有重要的实际意义。过渡金属氧化物可以根据储锂机制分为三类，即转换式储锂、嵌入式储锂和合金式储锂，其储锂机制示意图如图1.10所示。

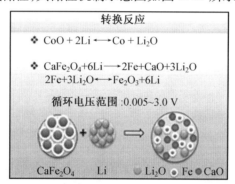

(a) 转换式储锂

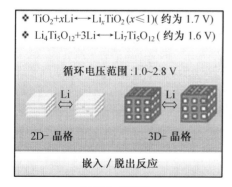

(b) 嵌入式储锂　　　　　(c) 合金式储锂

图1.10　三种储锂机制示意图

其中，ZnO 和锰氧化合物来源广泛、绿色污染小，多被作为光催化剂和超级电容器材料研究，作为锂离子电池负极材料研究较少。在充放电过程中，ZnO 采用合金式的储锂机制，理论容量为 978 mA·h/g；Mn_xO_y 采用转换式储锂机制，Mn_3O_4 理论容量为 937 mA·h/g。前面在 1.3.4 节已阐述过，过渡金属氧化物作为负极材料最主要的两个缺点，一个是材料本身的导电性差；另一个是充放电时的材料体积膨胀使其循环性能不稳定。为使其能更快地应用，需要研究改善其缺点的方法，比如制备成特殊纳米结构或与碳材料复合等。

Wang 等人制备了直接生长在铜箔上的由 ZnO 纳米棒阵列形成的材料，与普通颗粒 ZnO 材料相比表现出优良的性能，见表 1.4。

表 1.4　普通颗粒与纳米棒阵列 ZnO 循环性能对比统计

材料名称	第 1 次循环	第 5 次循环	第 10 次循环	第 20 次循环
纳米棒阵列 ZnO/(mA·h·g⁻¹)	980/1 461	419/457	362/375	338/346
普通颗粒 ZnO/(mA·h·g⁻¹)	260/960	99/108	94/100	88/92

Li 课题组制备了各种不同尺寸的 Mn_3O_4 纳米颗粒和纳米棒来合成正极材料，其纳米结构如图 1.11 所示。容量可提高到 120 mA·h/g，优于普通材料（108 mA·h/g）。

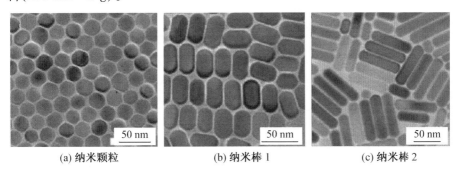

(a) 纳米颗粒　　　　　　(b) 纳米棒 1　　　　　　(c) 纳米棒 2

图 1.11　不同形貌的 Mn_3O_4 纳米结构

以上实例说明由于 ZnO 和 Mn_3O_4 自身缺点的限制，单独作为负极材料的研究不多，但自从碳材料如碳纳米管、石墨烯被大量研究后，与碳材料复合成纳米结构的复合材料成为主要的研究方向。

1.5.3　石墨烯/过渡金属氧化物复合材料作为负极材料研究进展

石墨烯作为独特的纳米材料，具有柔韧的结构、良好的电导率、优异的热稳定性以及较大的比表面积。将具有多种优良性能的石墨烯与具有较高理论容量的过渡金属氧化物复合,既使过渡金属氧化物的高容量满足了市场发展的需求,又开辟了石墨烯应用的新领域。复合材料作为负极材料,其优势表现为制备的电极材料均为纳米结构,过渡金属氧化物的加入可以防止石墨烯重新堆垛成不定型碳结构,保持了石墨烯的优越的稳定性能,而过渡金属氧化物由于石墨烯的加入增加了导电性,使复合材料表现出比任一组分更为优越的电化学性能。因此,许许多多的研究者参与到石墨烯/过渡金属氧化物复合材料的研究中。表1.5 总结了已报道的石墨烯/过渡金属氧化物复合材料的电化学性能。

表1.5 已报道的石墨烯/过渡金属氧化物复合材料的电化学性能统计表

材料	最高容量/$(mA \cdot h \cdot g^{-1})$	循环性能	参考文献
石墨	372	30 次后,240 $mA \cdot h/g$	[61,64]
石墨烯	540	30 次后,300 $mA \cdot h/g$	[61,64]
石墨烯	1 233	30 次后,500 $mA \cdot h/g$	[62]
石墨烯/Fe_3O_4	1 026	100 次后,580 $mA \cdot h/g$	[63]
石墨烯/SnO_2	860	30 次后,570 $mA \cdot h/g$	[61]
石墨烯/TiO_2	180	几乎不衰减	[66]
石墨烯/Co_3O_4	920	30 次后,940 $mA \cdot h/g$	[67]
氧化石墨烯	1 400	每次循环减少3%	[65]

最近,研究者又在石墨烯与过渡金属氧化物复合材料的特殊结构方面有了更多的突破。Huang 等人报道通过自组装制备了超薄多孔结构的氧化镍-石墨烯(NiO-GN)复合材料,可逆容量在电流密度为100 mA/g 时,经过50 次循环后仍达到1 098 $mA \cdot h/g$,在4 A/g 的大电流密度下,仍有615 $mA \cdot h/g$的可逆容量,其循环和倍率性能曲线如图1.12 所示。

Wang 等人报道了Co_3O_4 纳米片与氧化镍-石墨烯的复合,在100 mA/g的电流密度下有1 400 $mA \cdot h/g$ 的可逆容量,在200 mA/g 的电流密度下,100 次循环后,仍有1 200 $mA \cdot h/g$ 的放电容量。另外,Zhang 等人也合成了相似的结构,在大倍率为3 C 时循环40 次后,可逆容量仍保持在880 $mA \cdot h/g$。Wang 等人采用液相法制备了海胆状 CuO 簇覆在石墨烯表面,在65 mA/g 的电流密度下,100 次循环后容量为600 $mA \cdot h/g$。Sun 报道了不同形貌的Fe_2O_3与石墨烯复合材料,纳米米粒状的Fe_2O_3 在倍率为1 C、2 C 和5 C 下可逆容量分别为825 $mA \cdot h/g$、762 $mA \cdot h/g$ 和633 $mA \cdot h/g$,而在1 C 下循环100 次后可逆容量仍保持在582 $mA \cdot h/g$,还有Fe_2O_3 与石墨烯复合成三明治状复合材料,在 0.1 C 可逆容量达 1 075 mA·h/g,在 1 C、2 C 和 5 C 倍率下,可逆容量分别为622 mA·h/g、456 mA·h/g 和 323 mA·h/g。

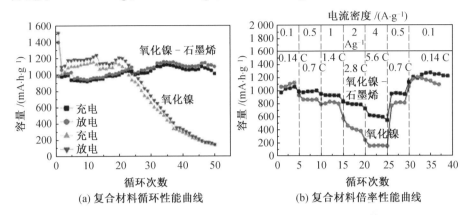

图 1.12　氧化镍和氧化镍–石墨烯复合材料的循环和倍率性能曲线

关于 ZnO 与石墨烯的复合材料研究主要集中在制备方法上。Yu 等人采用大功率的球磨机将石墨烯与 ZnO 颗粒复合,EDX 元素映射显示石墨烯均匀分布在 ZnO 阵列中,首次可逆容量为 783 mA·h/g,500 次循环后仍有 610 mA·h/g 的容量,原因是这种分散均匀的结构起到协同效应。Shuvo 报道了采用水热法合成 ZnO 纳米线与石墨烯气凝胶的复合材料,正极采用 LiCoO₂ 组装成电池,首次充电容量为 249 mA·h/g,小于石墨烯的690 mA·h/g,但其库仑效率达到 98%,20 次循环后,ZnO 复合材料充电容量为295 mA·h/g,石墨烯则下降为 245 mA·h/g,主要由于纳米线阻止了石墨烯的堆垛,使容量得到保持。Hsieh 采用高速搅拌器确保 ZnO 均匀分散在石墨烯上制成 ZnO 与石墨烯复合材料,首次在 0.1 C 倍率下,可逆容量为850 mA·h/g,库仑效率为 82.1%,50 次循环后可逆容量为 450 mA·h/g,ZnO 不但对石墨烯起支撑作用还可以通过氧化还原储锂,提高了锂离子的扩散速率。

关于 Mn_3O_4 与石墨烯复合材料的结构也有不同的报道。Li 通过微波合成法制备了被石墨烯包裹的 Mn_3O_4 复合材料,在 40 mA/g 电流密度下,可逆容量为 900 mA·h/g,50 次循环后基本无衰减。Lee 等人研究了水热法,由 $KMnO_4$ 制成 Mn_3O_4 纳米棒长在石墨烯上,作为超级电容器电极材料循环 10 000 次后,容量无衰减。Chen 和 Luo 等人均报道了 Mn_3O_4 与石墨烯的复合材料,详细分析了复合材料中 Mn_3O_4 的结构和电化学性能提高的原因。

总之,经过研究人员近几年的努力,对复合材料的制备方法已有了深入的研究进展,石墨烯负载过渡金属氧化物的复合材料显示出优异的性能。复合材料的合成有两种方法:一种是将要复合的过渡金属盐与石墨烯(或氧化石墨烯)混合,在石墨烯片层的表面上自动生长出功能纳米材料;另一种是将预先制备的具有一定形貌与尺寸的第二组分纳米材料直接与石墨烯(或氧化石墨烯)混合,通过化学键如氢键或范德瓦耳斯力等使过渡金属氧化物附着在石墨烯的表面。合成方法有溶液沉积法、水热/溶剂热法、电化学沉积法等,除了这三种常见方法外,还有溶胶-凝胶法、气液界面法、CVD法、模板法等,而所得的复合材料结构也各不相同,根据其结合情况,有如图1.13所示的几类。

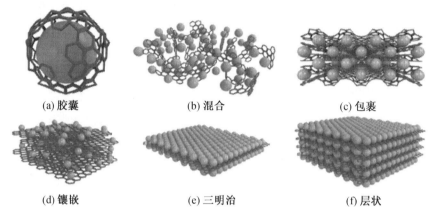

(a) 胶囊　　　　　　　(b) 混合　　　　　　　(c) 包裹

(d) 镶嵌　　　　　　　(e) 三明治　　　　　　(f) 层状

图1.13　复合材料的结构模型

1.6　本书的主要研究内容

石墨烯与过渡金属氧化物复合作为负极材料的研究得到了科研工作者的广泛关注,但研究内容主要集中在制备方法和合成特殊形貌方面,对复合材料结构类型和稳定性对电化学性能的影响较少关注,尤其是由天然石墨制得石墨烯与不同储锂机制的过渡金属氧化物复合,其结合方式和结构类型对电化学性能影响少见报道。本书以天然石墨为试验对象,以提高电极材料容量和循环稳定性为目标,进行改性天然石墨、天然石墨制石墨烯、合成石墨烯与 ZnO 和 Mn$_x$O$_y$ 复合材料的研究,最终讨论改性天然石墨、石墨烯和石墨烯/过渡金属氧化物复合材料的储锂机制,及复合材料结构对电化学性能的影响规律。主要研究内容如下。

(1)采用掺杂和氧化的改性方法对天然石墨进行处理,根据改性材料的性能确定最佳的改性条件,分析不同改性方法对天然石墨结构和电化学性能的影响规律,阐述经过改性后石墨的储锂机制。

(2)采用改良的化学氧化还原法,由天然石墨制备氧化的石墨,再剥离、还原后得到石墨烯。优化石墨烯的制备工艺条件,通过测试其电化学性能考察石墨烯作为负极材料的优缺点,分析其结构对储锂情况的影响并阐述储锂机制。

（3）合成由天然石墨制得石墨烯与 ZnO 的复合材料,优化石墨烯/ZnO 复合材料的合成工艺条件,探讨复合材料的形成机理,通过测试复合材料的电化学性能讨论石墨烯/ZnO 结构与电化学性能的规律。

（4）天然石墨制得的石墨烯以简易的液相法与 Mn_3O_4 进行复合,探讨复合材料的形成机理,通过对 Mn_3O_4 复合前后结构、组成、形貌的表征及电化学性能测试数据的分析,讨论复合材料中过渡金属氧化物与石墨烯结合方式不同和结构差异对性能的影响,并阐述储锂机制。

第2章 制备石墨烯复合材料
所用试剂及表征方法

2.1 试剂及仪器

2.1.1 实验原料与试剂

实验所使用的原料和主要化学试剂见表2.1。

表2.1 实验原料和主要化学试剂

试剂名称	纯度	生产厂家
天然石墨	质量分数99.95%	奥宇石墨公司
氢氧化锂	A.R.	天津市科密欧化学试剂有限公司
氢氧化钠	A.R.	天津市科密欧化学试剂有限公司
氢氧化钾	A.R.	天津市科密欧化学试剂有限公司
高锰酸钾	A.R.	天津市化学试剂一厂
硝酸钠	A.R.	天津市博创化工有限公司
过氧化氢（质量分数30%）	A.R.	天津市光复精细化工研究所
盐酸（质量分数36%）	A.R.	天津市东丽区天大化学试剂厂
浓硫酸（质量分数98%）	A.R.	天津市东丽区天大化学试剂厂
醋酸锌	A.R.	天津市光复精细化工研究所
醋酸锰	A.R.	天津市东丽区天大化学试剂厂
硝酸（质量分数65%）	A.R.	天津市东丽区天大化学试剂厂
锂片	A.R.	北京有色金属研究院
N–甲基吡咯烷酮	A.R.	天津市光复精细化工研究所
泡沫镍	A.R.	天津科密欧化学试剂有限公司
无水乙醇	A.R.	天津市富宇精细化工有限公司
水合肼	A.R.	天津科密欧化学试剂有限公司
聚偏氟乙烯	工业级	上海和氏璧化工有限公司
锂离子电池电解液（DMC：EC=1：1，$LiPF_6$ 1 mol/L）	电池级	张家港市国泰华荣化工新材料有限公司
隔膜	电池级	张家港市国泰华荣化工新材料有限公司

注：A.R.为化学试剂专用表示纯度方法。

2.1.2 实验仪器

实验所用仪器见表 2.2。

表 2.2 实验仪器

仪器名称	型号	生产厂家
电子分析天平	BS224S	北京赛多利斯仪器系统有限公司
恒温磁力搅拌器	85-2	常州国华电器有限公司
精密增力电动搅拌器	JJ-1	常州国华电器有限公司
离心机	LDZ5-2	北京医用离心机厂
电热鼓风干燥箱	WGL-125B	天津市泰斯特仪器有限公司
真空干燥箱	DZ-2BC	天津市泰斯特仪器有限公司
型恒温水浴锅	HH-S	江苏金坛市医疗仪器厂
电子天平	YP-2003	常州市宏衡电子仪器厂
电化学工作站	CHI604C	上海辰华仪器有限公司
管式电阻炉	SX-10-1	合肥日新高温技术有限公司
电池测试系统	BTS-5 V/2 mA	深圳市新威尔电子有限公司
行星式球磨机	QM-1SP04	南京大学仪器厂
超声波发生器	KS-300D	宁波科生仪器厂
真空手套操作箱	STX	南京科析实验仪器研究所
扣式电池封口机	PX-KF-20	深圳市鹏翔运达机械科技有限公司
X 射线粉末衍射仪	Bruker D8 Advance	德国 Bruker 公司
扫描电子显微镜	EI Quanta 200FEG	美国 FEI 公司
透射电子显微镜	Tecnai G2 F30	美国 FEI 公司
高温热重分析仪	DTA-7300	日本日立公司
X 射线光电子能谱	PHI-5700 ESCA	美国物理电子公司
孔径分布与比表面积	AUTOSORB-1-MP	美国康塔公司
原子力显微镜	Dimension Icon	德国布鲁克公司
显微拉曼光谱仪	InVia	英国雷尼绍公司

2.2　实验电池的组装方法

要测试所制备负极材料的电化学性能,必须将试样制成实验电池。实验电池中以锂片为对电极,试样为正极,正负极之间是隔膜,滴加电解液,泡沫镍为填充物,这样的电池也称为半电池。其制备过程如下。

(1)将制得的电极材料加入导电剂乙炔黑,在黏结剂溶液(聚偏氟乙烯溶于 N–甲基吡咯烷酮)作用下,不断搅拌成黏度适中的膏状体,将此膏体涂在集流体铜箔上。在真空干燥箱干燥 12 h,温度为 120 ℃时除去黏结剂。

(2)干燥好的极片冲成 14 mm 的圆片,在 6 MPa 压片机下压 1 min,防止电极材料从集流体上脱落,并称重记录活性材料的质量,然后将其置于真空干燥箱中备用。

(3)采用锂片为对电极,1 mol/L 的 LiPF$_6$ 为电解液(EC∶DMC = 1∶1),聚丙烯为隔膜,在手套箱里组装成电池,组装的顺序为电池壳、负极片(上两个步骤制备得到)、电解液、隔膜、锂片、泡沫镍,再加盖另一面电池壳,扣紧后移出手套箱,用封口机将电池压紧封口,标记好后测试其电化学性能。

2.3　表征方法

2.3.1　结构表征方法

对所制备材料的结构表征主要采用了 X 射线衍射(XRD)、拉曼光谱和比表面积-孔径测试这三种方法进行表征。X 射线衍射能得到晶体的物相信息,通过晶体对 X 射线衍射后的位置、强度及数量特征来鉴定晶体各项结构参数。每一种晶体对 X 射线都有本身独特的衍射谱,这些特征可以通过谱中衍射峰的位置、强度表征出来,从这些衍射数据中可以计算出晶胞中的各类参数。因此 X 射线衍射是鉴别晶体物质的最有效方法。书中制备的负极材料样品首先进行 XRD 图谱分析,确定样品的物相组成,使用的仪器为 Bruker D8 Advance 型 X 射线粉末衍射仪,测试过程中的仪器参数设置如下:Cu 靶,$\lambda_{K\alpha} = 0.154\ 06$ nm,40 kV,40 mA,扫描步长为 0.02°,扫描范围为 $2\theta = 10° \sim 70°$。

拉曼光谱可表征分子振动-转换能级的特征,进行物质定性和结构分析。从谱图中获得化合物同分子或异分子间不同结构产生的特征信息,包括同分子非极性键的单键、双键、三键强度不同产生的拉曼谱带及各种伸缩振动产生的谱带等。本书中样品使用英国雷尼绍公司生产的 InVia 显微拉曼光谱仪,激光波长为 532 nm。

材料的比表面积直接影响电化学反应发生的概率。一般而言,比表面积越大,越有利于电化学反应的发生,因为可以提供更多的表面活性位,从而增强负极材料的电化学活性。而孔径的分布则说明电极材料内部孔隙的大小尺寸及其所占比例,对分析材料的锂离子运输和储锂空间有重要的参考价值。本书中制备的电极材料样品通过 AUTOSORB−1−MP 型比表面积/孔径分析仪进行分析,测试负极材料试样的孔径分布和比表面积,为分析材料结构对电化学性能的影响提供依据。

2.3.2　组成表征方法

研究中对所制备材料的组成表征采用了 X 射线光电子能谱(XPS),对于复合材料还采用了热重分析,确定石墨烯和金属氧化物的含量。XPS 能够提供样品的组分、化学态、表面吸附、表面态、表面价电子结构、原子和分子的化学结构及化学键合等信息,尤其在对材料进行定性分析、鉴定物质元素组成及化学状态、官能团和混合物分析方面应用广泛,特别是通过复合前后表面的化学态变化和相变化,进一步分析所制备材料发生电化学反应时的储锂机制,揭示负极材料结构、组成、性能之间的内在联系。本书中制备的负极材料样品测试由 PHI−5700 ESCA 型 X 射线光电子能谱仪完成,仪器参数为 Al 阳极 X 射线源,250 W 功率,能量为 1 486.6 eV 的 $\text{Al}_{K\alpha}$ 射线。

热重分析(Thermogravimetric Analysis,TG 或 TGA),是指在程序控制温度下测量待测样品的质量随温度变化关系的一种热分析技术,用来研究材料的热稳定性和组分。本书采用 TG 对合成的复合材料中石墨烯的含量进行分析,因石墨烯中碳易在加热条件下与氧发生反应而失去质量,根据反应过程后得到的样品与温度的变化关系进而确定样品中石墨烯的含量。本实验 TG 测试采用的是日本日立公司生产的 DTA−7300 高温热重分析仪。升温速率为 10 ℃/min,在室温至 1 000 ℃ 范围内对待测样品进行测试。

2.3.3　形貌表征方法

实验中对所制备的材料采用场发射扫描电子显微镜(FESEM)、透射电子显微镜(TEM)和原子力显微镜(AFM)进行研究。场发射扫描电子显微镜由电子光学系统、扫描系统、信号收集和图像显示系统、真空系统及电源系统组成,电子枪发射的电子束经过电磁透镜聚焦后,在样品表面按顺序逐行扫描,激发样品产生各种物理信号,包括二次电子、背散射电子、透射电子和吸收电子,此信号强度即表示样品表面的特征。通过扫描电子显微镜得到的图像景深大,富有立体感,能直接观察到材料不同形貌的表面。本节采用美国 FEI 公司生产的 EI Quanta 200FEG 扫描电子显微镜及英国 Camscan 公司生产的 MX-2600FE 型扫描电子显微镜,加速电压为 200 V ~ 30 kV。

透射电子显微镜是以波长极短的电子束作为照明电源,用电磁透镜聚焦成像的一种高分辨率、高放大倍数的电子光学仪器,具有成像和电子衍射两种操作模式,可以实现微区的物相分析,放大倍率达 10^6,大型 TEM 多采用 80 ~ 300 kV 的加速电压。电子束的波长与电压平方根成反比关系,即电压越高波长越短,其分辨率就越高,达 0.2 ~ 0.1 nm,可以深入分析材料的晶格参数、取向、缺陷等相关信息,还可以结合附带的能量色散 X 射线光谱分析材料中的元素种类及质量分数。本书中制备的负极材料样品通过 TEM 测试分析微观形貌和结晶特点,使用的仪器为 Tecnai G2 F30 型透射电子显微镜。

原子力显微镜可以在大气环境下,对导电与否的材料和样品进行纳米区域的形貌探测,它利用原子间的范德瓦耳斯力作用来呈现样品的表面特性,利用微悬臂感受和放大悬臂上尖细探针与待测样品原子之间的作用力,达到检测的目的,具有原子级的分辨率。原子力显微镜与扫描隧道显微镜相比,它能观测非导电样品,因此具有更为广泛的适用性,可以检测薄片纳米材料的厚度及表面和立体形貌。本书使用的是德国布鲁克公司生产的 Dimension Icon 型原子力显微镜,在室温下检测所制备的试样,最大扫描速度为 125 Hz,测试模式为联系/开发模式。

2.4　电极材料的电化学性能测试

电极材料组装成扣式电池后,要进行恒流充放电测试、循环伏安测试和交流阻抗测试。恒流充放电测试可以考查电极材料的放电容量、充电容量、库仑效率、循环性能和倍率性能等相关信息。

研究中所制备的负极材料均采用深圳新威尔公司的 BTS-5 V/2 mA 型电池,测试系统进行恒流充放电测试,通过与测试系统配套的测试软件设置测试条件,测试工作一般是恒流放电、静置、恒流充电、静置、循环五个步骤,因为充放电电流的大小对材料电化学性能有一定的影响,所以采用了不同的电流密度恒流进行充放电循环测试,电压范围为 0.01 ~ 3.0 V。研究中样品的充放电比容量均按照实际样品质量计算得到。

循环伏安法(Cyclic Voltammetry,CV)是一种常用的循环线性电位扫描电化学测量方法,是研究电极反应动力学、可逆性的可靠方法。进行测试时,在给定的电位范围内,对所测试的电极施加三角波电势信号进行扫描,系统会同时记录测试电极对所施加电位信号的反应,这些反应信号会根据每次扫描的次数按时间顺序记录到系统中,并以曲线的形式呈现。本书采用循环伏安法对所制备材料的电化学特性进行研究,以探讨材料的电化学反应可逆性以及锂离子的脱/嵌机制。循环伏安测试采用上海辰华公司生产的 CHI604C 电化学工作站。测试条件是指采用两电极体系,辅助电极和参比电极均为金属锂,研究电极为活性物质制备的电极,扫描范围 为 $0.01 \sim 3$ V(vs. Li/Li$^+$) ,一般实验温度为(25±0.5) ℃ 。

交流阻抗法也称为电化学阻抗谱法(Electrochemical Impedance Spectroscopy,EIS) ,是在较大的频率范围内测量电极系统的阻抗并形成谱图。根据不同的测试情况可能得到电极材料许多动力学信息,并可以知道电极材料界面结构变化的信息。

本书采用扣式电池体系,分别对新组装的天然石墨、改性石墨、石墨烯以及石墨烯与过渡金属氧化物复合材料为负极的扣式电池,以一定的电流密度充电至 3.0 V,进行充放电循环到指定次数的电池进行 EIS 测试。测试一定循环次数下实验电池的电化学特性,根据所得的阻抗数据结合 ZsimpWin 软件,建立模拟电路对测试样品的结果进行拟合,得出相应的电化学参数,如电荷传递电阻、锂离子扩散系数等。

第3章 天然石墨的掺杂和氧化改性及电化学性能研究

3.1 概 述

由于电动车及电子设备的大量使用,激发了人们开发性能稳定、高容量及环境友好的锂离子电池作为负极材料的研究热情。基于对现有的负极材料分析,有较高比容量、来源广泛、清洁的天然石墨和高容量的过渡金属氧化物具有潜在的应用前景,已经引起了科研人员的关注。要从根本上提高负极材料的电化学性能,就要分析材料结构对性能的影响,从结构对锂化反应的影响出发,使结构改变成更利于储锂的形式,并减少结构缺陷产生活性位造成不可逆容量增大,形成不稳定 SEI 膜等缺点的影响。

石墨作为天然矿物在我国储量丰富,但是直接作为负极材料存在不可逆容量大、库仑效率低、循环性能差等缺点,科研人员一直致力于多种改性方法的研究。本章探讨了阳离子掺杂和氧化改性对天然石墨电化学性能的影响和储锂机制。主要考虑到这两种方法不破坏石墨的基本结构,属于表面处理,并且方法简便容易实现。另外,石墨烯是构成石墨的基本结构单元,由天然石墨制备的石墨烯具有天然石墨的结构特点,与天然石墨具有相似的储锂机制,且石墨烯是由天然石墨化学氧化法制得的。先研究天然石墨的氧化改性有助于石墨烯结构及储锂的分析,所以通过研究改性石墨的结构对性能的影响来分析石墨烯作为负极材料的储锂情况。

对天然石墨分别采用了液相掺杂阳离子和氧化两种改性方法,并进行了一系列表征,详细分析其作为负极材料结构上的变化,揭示可逆容量、库仑效率及循环稳定性增加的机理。为进一步探讨具有石墨特征的石墨烯作负极材料提供理论依据。

3.2　阳离子掺杂改性天然石墨

提高石墨电化学性能的常用改性方法是掺杂,掺杂能引入另外一种元素,通过改变天然石墨的微观结构和电子状态来影响碳层的嵌锂行为。考虑到天然石墨微观电子结构里碳层两侧有自由移动的电子,选择掺杂金属,可能会与碳原子发生正负电子吸引影响原有结构,最终影响天然石墨发生电化学反应时锂的嵌入和脱出。采用简易的液相法制备改性石墨负极材料,室温条件下,石墨按一定的比例、一定的处理工艺分别掺杂 Li^+(Li–C)、K^+(K–C),然后进行所制备改性石墨负极材料的结构表征,并组装成实验电池完成电化学性能的各项测试。

3.2.1　掺杂改性石墨实验条件的优化

本章采用相同类型的阳离子氢氧化锂($LiOH \cdot H_2O$)和氢氧化钾(KOH)与天然石墨进行掺杂。具体制备过程如图 3.1 所示,用烧杯在电子天平上分别称取纯度为 99.5%(质量分数)的天然石墨 2 g,用 50 mL 的量筒取 25 mL 蒸馏水,将 $LiOH \cdot H_2O$ 溶解在装有蒸馏水的烧杯中,初步溶解后将其放在恒温磁力搅拌器上搅拌至少 20 min,然后放入装有一定量 CH_3COOH(与 $LiOH \cdot H_2O$ 物质的量相同)的烧杯中,再放在恒温磁力搅拌器上搅拌不少于 20 min,将搅拌好的混合液体放入水浴锅内蒸发水分、干燥,箱式炉热处理后冷却至室温,研磨、称重,密封保存。

图 3.1　掺杂改性石墨制备过程

根据此制备实验过程,结合已报道文献分析影响改性后石墨性能的主要因素为阳离子的掺杂比例(1%、3%、5%)、热处理时间(2.0 h、2.5 h、3.0 h)、热处理温度(500 ℃、600 ℃、700 ℃)。石墨这种天然矿物本身为层状结构,结晶度和热稳定性良好,考虑到处理过程选择实验条件会对结构有影响,为优化实验条件采用正交实验方法,以制备负极材料组装成实验电池的可逆容量为衡量指标,找出最佳的掺杂改性条件。因实验影响因素和水平均为三个,故采用 $L_9(3^3)$ 正交表,掺杂改性正交实验的因素水平情况见表 3.1。

表 3.1　掺杂改性正交实验的因素水平情况

水平	热处理时间(A)/h	热处理温度(B)/℃	掺杂比例(C)/%
1	2.0	550	1
2	2.5	600	3
3	3.0	650	5

根据表 3.1 中实验的影响因素及水平,列实验方案进行实验,采用极差分析法对正交实验结果进行分析。其分析结果分别见表 3.2(掺锂改性)和表 3.3(掺钾改性)。按此实验方案制备负极材料,组装成实验电池,考虑到天然石墨材料循环性能不稳定,为更好地对比改性材料性能,掺锂改性石墨选择了恒流充放电测试中第 30 次循环的可逆比容量作为衡量指标。结合表 3.2 及表 3.3 的极差结果分析,热处理时间、热处理温度和掺杂比例对应的极值分别为 5.0、7.0 和 14.3,根据对应改性石墨的可逆容量数值计算所得,本实验的三个因素对衡量指标影响的主次顺序为:掺杂比例(C)是主要影响因素,热处理温度(B)是次要影响因素,热处理时间(A)是影响不重要的因素。根据因素影响的主次顺序,可以确定在实验过程中要严格控制掺杂比例这个因素,并且根据测试材料的比容量和相应的计算结果,比较每个水平对应的数值也是不同的,按照此表可以确定最佳因素水平组合为 $A_2B_3C_1$。按最佳实验组合 $A_2B_3C_1$ 测定可逆容量达到了 355 mA·h/g,是所有材料中容量最高的,说明掺杂量为 1%,热处理时间为 2.5 h,热处理温度为 650 ℃时是最佳改性条件。

表 3.2　掺锂正交实验表与结果

实验序号	A 因素水平	B 因素水平	C 因素水平	第 30 次循环可逆容量/(mA·h·g^{-1})
1	1	1	1	334
2	1	2	2	345
3	1	3	3	332
4	2	1	2	335
5	2	2	3	326
6	2	3	1	355

续表 3.2

实验序号	A 因素水平	B 因素水平	C 因素水平	第 30 次循环 可逆容量/(mA·h·g^{-1})
7	3	1	3	334
8	3	2	1	341
9	3	3	2	345
K_1	1 016	1 023	992	
K_2	1 011	1 018	1 035	
K_3	1 020	1 003	1 030	
I_j	338.7	341.0	330.7	
II_j	335.0	337.3	345.0	
III_j	340	334	343	
R_j	5.0	7.0	14.3	

表 3.3　掺钾正交实验表与结果

实验序号	A 因素水平	B 因素水平	C 因素水平	第 1 次循环 可逆容量/(mA·h·g^{-1})
1	1	1	1	321
2	1	2	2	316
3	1	3	3	328
4	2	1	2	334
5	2	2	3	322
6	2	3	1	340
7	3	1	3	302
8	3	2	1	337
9	3	3	2	330
K_1	969	996	965	
K_2	998	975	957	
K_3	952	980	998	

实验序号	A 因素水平	B 因素水平	C 因素水平	第 1 次循环 可逆容量/$(mA \cdot h \cdot g^{-1})$
I_j	323	332	321.7	
II_j	332.7	325	319	
III_j	317.7	326.7	332.7	
R_j	5.0	7	11.0	

对于掺锂和掺钾改性均采用了正交实验优化,根据表3.3列出的掺钾处理后正交实验数据和结果,进行极差分析确定最优处理条件是 $A_2B_3C_1$,与掺锂实验结果相同。以后分析的改性天然石墨均为最优条件下制备的样品。

3.2.2 掺杂改性石墨的结构组成分析

将天然石墨(NG)与改性后的天然石墨进行结构组成的对比分析,图3.2所示为天然石墨与掺杂改性石墨的 XRD 谱图。可观察到全图没有杂质峰,主峰强度大且尖锐,三个样品有相同衍射峰,依次为(002)、(101)、(004)晶面,因其他晶面相对(002)比例不明显,将衍射角 40°～48°范围放大,如图 3.2(b)所示,对照 JCPDS 卡片中 2H 六方(PDF#41-1487)和 3R 菱形(PDF#26-1079)晶相的标准谱图,可确定此天然石墨含有 2H 和 3R 两种晶相,改性后仍含有这两种晶相。根据 XRD 实验数据,结合 Bragg 方程(式3.1)可计算 d_{002} 间距,也可估算出天然石墨的碳层数约为 160 层。另外,层间距和菱形晶相比例都会影响石墨的电化学性能,可根据 2H 和 3R 结构中的(101)的衍射强度,由式(3.2)计算菱形晶相在天然石墨中所占的比例。

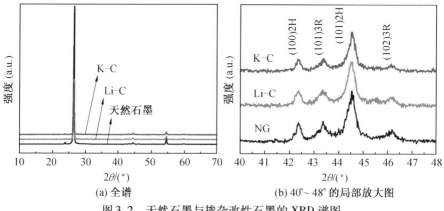

(a) 全谱   (b) 40°～48°的局部放大图

图 3.2　天然石墨与掺杂改性石墨的 XRD 谱图

$$d_{002}/nm = \frac{\lambda}{2\theta}\sin\theta \qquad (3.1)$$

$$W_{3R} = ([101]_{3R} \times 15/12)/\{([101]_{3R} \times 15/12) + [101]_{2H}\} \times 100\% \quad (3.2)$$

式中，λ 为入射 X 射线的波长；$[101]_{3R}$ 和 $[101]_{2H}$ 分别为菱形晶相和六方晶相 $[101]$ 面的 XRD 峰强度。将层间距 d_{002} 和菱形晶相比例 W_{3R} 计算出来，见表 3.4，由数据可知掺杂改性后使石墨层间距增大，菱形晶相比例增加。

表 3.4　天然石墨和改性石墨的结构参数数据表

材料	d_{002}/nm	$W_{3R}/\%$
天然石墨（NG）	0.335 23	32.9
掺锂天然石墨（Li-C）	0.335 39	34.8
掺钾天然石墨（K-C）	0.335 46	35.8

另外，全谱图中（002）衍射峰强度较大无法比较，故结合软件 Jade 6 分析，将改性前后的变化情况绘于图 3.3 中，从图中可以看出天然石墨改性后层间距增大，衍射角度向左偏移。

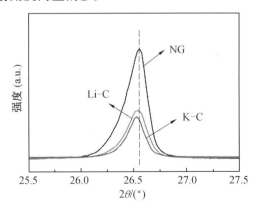

图 3.3　天然石墨与掺杂石墨的（002）晶面的衍射峰

以上 XRD 谱图分析说明了掺杂对天然石墨结构的改变，也可以结合天然石墨改性前后的 XPS 谱图来说明掺杂对其结构的影响。如图 3.4 所示，为天然石墨改性前后的全谱，显示结合能峰均为 C1s 和 O1s，掺锂和掺钾后峰的位置没有变化。将掺锂和掺钾掺杂处理后的谱图进行放大，分析锂和钾在改性石墨中结合能的情况。如图 3.5 所示，图 3.5（a）和图 3.5（b）对应于掺锂石墨和掺钾石墨中出现的锂和钾的结合能峰，分别为 55.2 eV 和 293.2 eV，说明了掺杂处理后锂和钾在改性石墨中的存在情况。

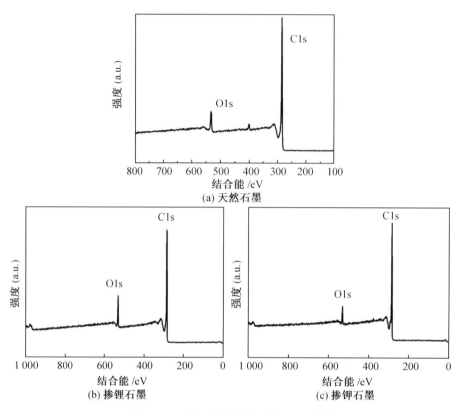

图 3.4　天然石墨改性前后的 XPS 全谱

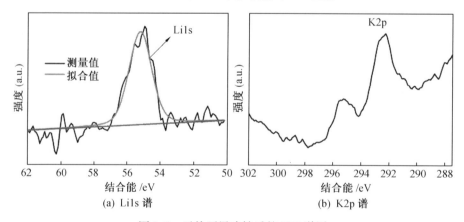

图 3.5　天然石墨改性后的 XPS 谱图

对改性前后 C1s 结合能进行分峰处理,如图 3.6 所示,掺锂和掺钾石墨在 284.6 eV、286.2 eV、288.4 eV 均有结合能峰,与未改性处理的天然石墨 C1s 谱图一致,对应 C =C、C—O 和 C =O 结合能,C =C 是石墨结构中的

sp^2 杂化结构,C—O 和 C =O 是碳与空气中氧结合成含氧官能团出现羧基和羰基的情况。掺锂处理的改性石墨(图 3.6(b))在 289.2 eV 处出现新的峰值,应是 Li-C 的结合能峰,掺钾处理的改性石墨(图 3.6(c))则在 292.4 eV处呈现 K-C 的结合能峰,由此证实了改性处理后,锂和钾在石墨结构中与碳的结合状态。

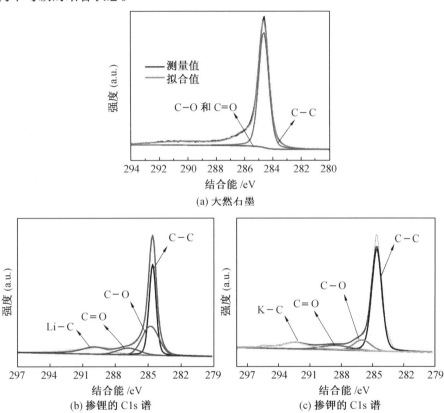

图 3.6　掺杂改性前后天然石墨的 C1s 谱

由 XPS 测试数据得到掺杂改性石墨中锂和钾的原子比率,见表 3.5。氧在天然石墨中的比率增加是因为改性过程在空气环境下进行,并伴随着热处理,另外一个原因可能是锂和钾与氧键合也增加了氧比率,这两个原因使氧在改性天然石墨材料中的总比率增加。如图 3.7 中对天然石墨改性前后 O1s 结合状态分析,图 3.7(a)为改性前 O1s 的化学状态,可观察到峰值左右对称,没有其他状态的结合,只是碳表面吸附的羟基 C—OH,而图 3.7(b)、(c)说明改性后的 O1s 结合能峰明显宽化,并向高能量偏移,说明除了碳表面吸附的羟基,还存在氧与锂或氧与钾结合情况。

表 3.5 掺杂改性天然石墨前后的原子比率

元素	C 原子比率/%	O 原子比率/%	Li 原子比率/%	K 原子比率/%
NG	98.5	1.5	0	0
Li–C	94.3	4.8	1.9	0
K–C	93.4	6.5	0	0.3

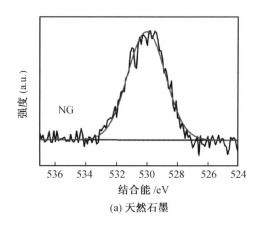

(a) 天然石墨

(b) 掺锂石墨 Li–C

(c) 掺钾石墨 K–C

图 3.7 天然石墨掺杂改性前后 O1s 谱

综合以上分析,XRD 谱图中天然石墨掺杂改性后(002)衍射峰发生偏移,层间距增大,并且改性石墨中 2H 和 3R 晶相的比例改变,3R 晶相比例增加。XPS 谱图说明了锂及钾在改性石墨中与碳的结合情况,证实掺杂改性会使天然石墨的结构发生改变。可预见改性后的天然石墨所表现出来的电化学性能与未处理的天然石墨有差异。

3.2.3　掺杂改性石墨的形貌表征

图 3.8 所示为天然石墨与改性石墨的 SEM 照片,由图 3.8(a)、(b)可以看出,天然石墨的形貌呈致密层状结构,片层大小在微米级别、片层大且平坦、表面光滑、片层形状不规则且边缘有尖锐的角,大平面有利于与电解液接触发生电化学反应,有助于锂离子和电子在晶体表面运输和传递,从而完成负极材料充放电的各种电化学反应,但同时电解液和负极材料的接触面积大,造成开始几次充放电时形成的固体电解质膜即 SEI 膜会消耗较多的锂离子,产生不可逆容量,降低首次库仑效率。所以,石墨必须改性,增加可逆容量、降低不可逆容量、提高库仑效率。改性后的石墨 SEM 照片如图 3.8(c)、(d)所示,其基本结构仍是片状,没有发生显著变化,在发生充放电过程中所发生的电化学反应仍遵循天然石墨的储锂机制。

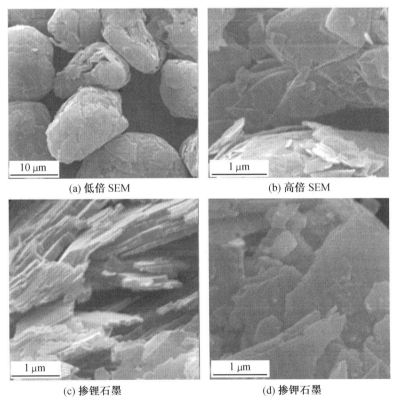

(a) 低倍 SEM　　　　　　　　　　(b) 高倍 SEM

(c) 掺锂石墨　　　　　　　　　　(d) 掺钾石墨

图 3.8　天然石墨与改性石墨的 SEM 照片

3.2.4 掺杂改性石墨的电化学性能

为分析掺杂改性石墨的变化情况,将天然石墨、掺锂石墨和掺钾石墨分别以锂片为对电极组装成实验电池,进行电化学性能测试,分析改性前后的性能变化规律及改性天然石墨的储锂机制。图 3.9 所示为天然石墨与改性石墨的首次充放电曲线,图3.9(a)是石墨的第 1 次充放电曲线,放电曲线在0.2 V,充电曲线在0.3 V,都有一个稳定的电压平台,这是 Li⁺ 嵌入和脱出石墨层间的锂化反应特征,电化学反应如式(3.3)和式(3.4),平台平稳,说明石墨作为负极材料能稳定地进行 Li⁺ 的嵌入/脱出。

$$6C+xLi^+ + xe^- \longrightarrow Li_xC_6 \tag{3.3}$$

$$Li_xC_6 \longrightarrow 6C+xLi^+ + xe^- \tag{3.4}$$

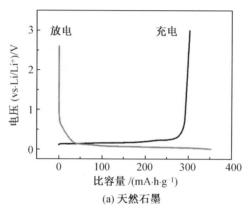

(a) 天然石墨

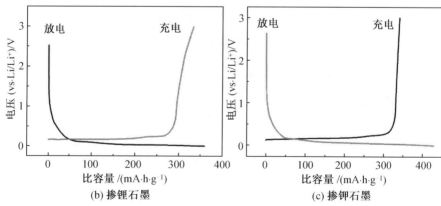

(b) 掺锂石墨　　　　　　　(c) 掺钾石墨

图 3.9　天然石墨与改性石墨的首次充放电曲线

放电曲线显示电压在 0.7 V 左右有一个平台,原因是 Li⁺ 先与电解液中的有机大分子反应生成不溶解的锂盐,形成固体电解质膜。从图中两曲线对应的容量可以看出放电容量大于充电容量,对于实验电池来说,放电容量对应于锂离子的嵌锂容量,充电容量对应于脱锂容量,可见嵌入的锂离子大于脱出的锂离子。石墨这种天然矿物,没有达到理论的脱出嵌入过程的平衡,放电容量和充电容量间的差值为不可逆容量,充电容量与放电容量的比值为库仑效率,天然石墨的库仑效率为 85.9%。图 3.9(b) 和图 3.9(c) 分别为掺锂和掺钾后石墨的第 1 次充放电曲线,由图中可以看出掺杂改性没有改变石墨的充放电电压平台,与天然石墨发生电化学反应相同,说明 SEI 膜形成及 Li^+ 嵌入脱出的特征都与石墨没有差异,只有在放电容量与充电容量的数值上有变化,其容量对比见表 3.6,并计算出各自的不可逆容量和库仑效率。

表 3.6　天然石墨和改性石墨首次充放电容量对比

电极材料	放电容量 /(mA·h·g^{-1})	充电容量 /(mA·h·g^{-1})	不可逆容量 /(mA·h·g^{-1})	首次库仑效率 /%
天然石墨	351.6	302.3	49.3	85.9
掺锂天然石墨	359.3	333.2	26.1	92.7
掺钾天然石墨	429.8	340.2	89.6	79.2

从表 3.6 可知,Li-C 充电容量由石墨的 302.3 mA·h/g 增加到 333.2 mA·h/g,不可逆容量由 49.3 mA·h/g 降低到 26.1 mA·h/g,库仑效率由 85.9% 增加到 92.7%。分析充电容量增加的原因,一是掺杂的 Li^+ 使石墨的层间距发生变化,有利于锂离子嵌入;二是掺锂改性石墨 3R 晶相比例增加,比 2H 容量要高,所以使改性后石墨充电容量提高。不可逆容量降低原因是掺锂石墨的层间距增大,使锂离子更容易脱出,而且锂掺杂处理相当于一个预处理过程,减少了因形成固体电解质膜对嵌入锂离子的损耗。同样,掺钾的改性石墨首次放电容量增加到 429.8 mA·h/g,充电容量增加到 340.2 mA·h/g,不可逆容量也增加到 89.6 mA·h/g。可见掺钾处理的天然石墨层间距增大也有利于锂离子的嵌入,从 XRD 数据计算可知其增加的层间距更大,在嵌锂时更利于 Li^+ 进入碳层,因此使充电容量增大。对比来看,掺锂的天然石墨改性对于降低不可逆容量,提高库仑效率效果更好,而掺钾的天然石墨虽然首次充电容量有所增加,但不可逆容量同时增大,库仑效率反而低于掺杂锂的天然石墨。

图 3.10 所示为天然石墨和改性石墨的 50 次循环性能和库仑效率曲线。由天然石墨循环性能曲线可知,其循环性能不稳定,尤其是在前 30 次,在 220~300 mA·h/g 发生变化,这是由于天然石墨本身结构有缺陷造成锂离子不能规则有序地嵌入而产生的。其原因可能是石墨结构在嵌入锂离子

前,存在结构缺陷,包括非 sp^2 杂化的碳,以及在基面上非规则的排列,加工脱灰分时出现基面或端面位置上的结构缺陷等情况,都可能使锂离子嵌入和脱出时可逆容量与理论的嵌入脱出有差异,造成不同循环次数时可逆容量不同,循环性能不稳定。这种情况让锂离子的嵌入和脱出经过多次循环后,锂离子嵌入和脱出的空间及通道逐渐稳定下来;另外,锂离子的嵌入是由较容易的端面进入,有方向性,这种片层结构使电子的电导率在不同方向上有差异,锂离子扩散速率也会不同,影响了锂离子的嵌入和脱出。因此,天然石墨本身层状结构和缺陷使其在嵌入和脱出锂离子时情况复杂,造成循环性能不稳定,作为锂离子电池负极材料时要改善其结构,使其利于储存锂离子。

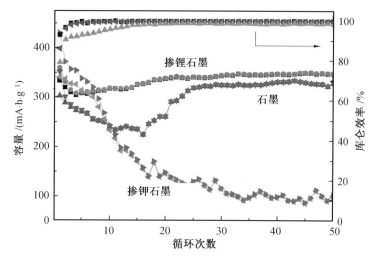

图 3.10　天然石墨与改性石墨的 50 次循环性能和库仑效果曲线

　　结合掺杂处理前后天然石墨结构表征和循环性能变化情况,显示 Li—C 的循环性能稳定性明显增强,可逆容量有所提高,50 次循环后稳定在 347.5 mA·h/g,改性使天然石墨有了良好的循环性能。因为 Li^+ 的掺杂对天然石墨进行了预处理,使锂离子在与碳发生锂化反应经过一定循环后,趋于稳定,而且预处理使天然石墨缺陷位置减少,有利于离子运输和电子的传递,故掺锂后改性石墨的可逆容量相应增大,库仑效率提高,循环性能增强。虽然钾处理的天然石墨同样进行了缺陷位置的预处理,也增大了石墨层间距,但 K^+ 半径(0.138 nm)大于 Li^+ 半径(0.076 nm),可能更影响锂离子进入碳层,阻碍锂离子正常嵌入和脱出,随着掺钾石墨的循环次数增加,这种影响越来越严重,因此可逆容量会逐渐衰减,多次循环后使电极材料丧失储锂功能。

综上所述,阳离子掺杂改性天然石墨由于 Li⁺和 K⁺的加入,使原有的晶体结构发生变化,进而影响了石墨的储锂过程,电化学性能发生变化,掺锂石墨可逆容量增大,库仑效率提高,循环稳定性增强,电化学性能较石墨显著提高。掺钾石墨虽然充放电容量在前 10 次有所增加,但循环性能有所衰减。

3.3　氧化改性天然石墨

虽然掺杂改性天然石墨使其可逆容量增加,库仑效率提高,循环稳定性增强,但原有的最大理论容量并没有改变。氧化改性是使用氧化剂与石墨中的碳发生氧化反应,对石墨表面进行化学处理改变结构中的氧含量。含氧官能团的增多会影响原有的储锂行为,进而影响改性石墨的电化学性能,本节详细介绍氧化改性石墨的方法及储锂机制的变化。

3.3.1　氧化改性石墨的制备方法

氧化改性石墨制备过程如图 3.11 所示,具体方法是将 2 g 的天然石墨浸渍在双氧水溶液或稀硝酸溶液中并进行充分搅拌,使氧化剂与石墨反应 2 h。反应结束后,多次过滤洗涤至中性,然后将样品置于 80 ℃的恒温干燥箱中干燥 12 h,在箱式炉 400 ℃下热处理 2 h 后,冷却至室温并密封保存备用。

图 3.11　氧化改性石墨制备过程

本节选择了不同氧化程度的氧化剂,双氧水和稀硝酸溶液都是常用的氧化性溶液,在室内温度下就可以对石墨进行氧化作用。氧化环境不苛刻、容易实现,对设备的要求也不高,反应不是剧烈反应,反应温度也易于控制,不同氧化剂对天然石墨的改性条件一致。

3.3.2　氧化改性石墨的结构组成分析

图 3.12 所示为天然石墨和氧化改性石墨的 XRD 谱图,由图3.12(a)可以看出,所有样品的 XRD 谱图的特征衍射峰对应于石墨的(002)、(101)、

（004）晶面,没有发现其他杂质峰,说明氧化改性后仍是石墨的原有结构。三个主峰强度强且尖锐,说明氧化改性没有使石墨材料的结晶度发生变化,推测加入的氧化剂只与少许碳发生了化学反应,这可由（002）晶面角度轻微的偏移看出,如图3.12（b）所示,氧化处理后（002）峰明显向左偏移,说明改性后层间距发生变化,根据式（3.1）计算出改性前后的层间距,也可以根据式（3.2）计算出3R晶相的比例情况,计算结果见表3.7。数据显示氧化处理使石墨的层间距和3R晶相比例增大,这些变化会使天然石墨与改性石墨的电化学性能有所差异。

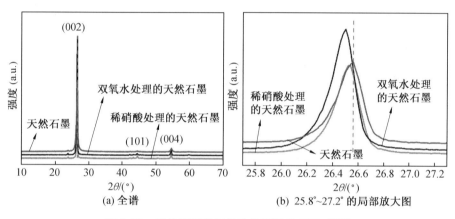

图 3.12　天然石墨和氧化改性石墨的 XRD 谱图

表 3.7　氧化改性前后天然石墨层间距的数值

结构参数	d_{002}/nm	$W_{3R}/\%$
天然石墨（NG）	0.335 23	32.9
稀硝酸氧化改性石墨（N–C）	0.335 65	35.3
双氧水氧化改性石墨（O–C）	0.336 15	36.1

　　为表征氧化剂对石墨的作用,证实氧化剂与石墨中碳原子发生反应,又对石墨及氧化石墨作了 XPS 组成分析,对比氧化改性前后材料中元素组成及结合状态的变化,如图3.13 所示。图3.13（a）为石墨与氧化石墨的 XPS 全谱,其谱图中都只有 C 和 O 元素,说明氧化处理没有引入其他元素,从峰值的强度来看,天然石墨中 O 元素的结合能峰强度较小,经过氧化处理后峰强度明显增强。由石墨原子比率可知氧只有 1.5%,应该只是表面碳原子吸附空气中的氧或羟基,而经过氧化处理的石墨,氧的原子比率增加到 8.9%和 14.1%。这是因为石墨端面或缺陷位置的活性炭原子被氧化成羰基、羧

基或酯基,使氧在石墨中所占比例增加。氧化处理改变石墨层面、端面及缺陷位置的结构,使活性位置减少,含氧官能团增多,作为负极材料在发生充放电锂化反应时,必然会影响石墨的电化学性能。

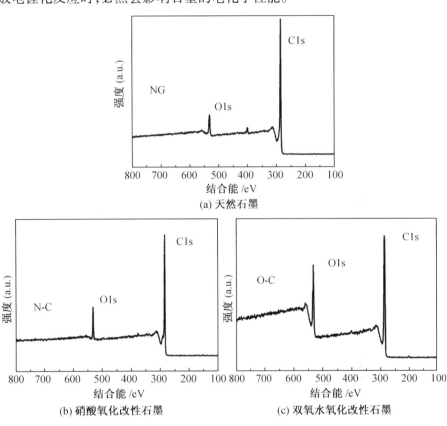

(a) 天然石墨

(b) 硝酸氧化改性石墨　　(c) 双氧水氧化改性石墨

图 3.13　石墨及氧化石墨 XPS 谱(全谱)

对天然石墨和氧化改性石墨的 C1s 结合能情况进行分析,如图 3.14 所示。图 3.14 显示天然石墨的 C1s 结合能峰分峰处理后,碳的主要结合状态为 C═C,碳氧结合情况不显著。对比未氧化改性的天然石墨,碳氧结合峰强度增大,但结合能仍然在 284.5 eV、286.4 eV、288.2 eV,对应于 C═C、C—O 和 C═O,与图 3.14(a)中碳的结合能情况没有种类的变化,即氧化改性只使石墨结构中易与氧发生反应的位置形成含氧官能团,在天然石墨表面形成氧化层,这会使改性石墨进行嵌锂时与天然石墨不同,因此影响其电化学性能。

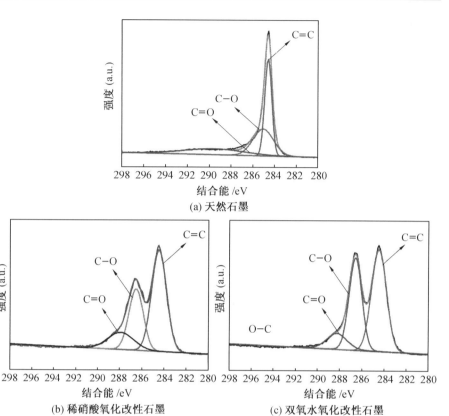

图 3.14　天然石墨与氧化改性石墨的 C1s 谱图

3.3.3　氧化改性石墨的形貌表征

XPS 分析发现没有元素组成变化, 只是表面氧的含量有所增加, 还可以从石墨氧化前后 SEM 照片来观察改性情况, 如图 3.15 所示。

图 3.15　天然石墨与氧化改性天然石墨的 SEM 照片

石墨与氧化石墨仍是原有的类球状,没有形状上的差异,氧化石墨表面也没有严重侵蚀的现象,只是在层状端面上的尖锐部分有所减少,可见这些位置上发生的氧化反应会使尖锐部分钝化。另外,在石墨片层堆积的交界位置有若干微小孔洞出现,可能是缺陷位置被氧化后出现的空间,必然会影响改性石墨充放电时的储锂情况。

3.3.4　氧化改性石墨的电化学性能

为进一步研究氧化对石墨材料的影响,将天然石墨、双氧水氧化石墨、稀硝酸氧化的石墨组装成实验电池,观察其充放电容量和循环性能的变化情况。图 3.16 所示为天然石墨与氧化改性石墨的首次充放电曲线,氧化改性没有改变石墨形成 SEI 膜和嵌锂平台的位置,说明氧化没有改变天然石墨原有的基本骨架结构。其中双氧水氧化处理的石墨充电容量达到 339.1 mA·h/g,比天然石墨的充电容量提高了 12.3%,双氧水氧化处理的石墨库仑效率提高到 91.9%;HNO$_3$ 氧化的石墨库仑效率提高到 94.2%,见表 3.8。

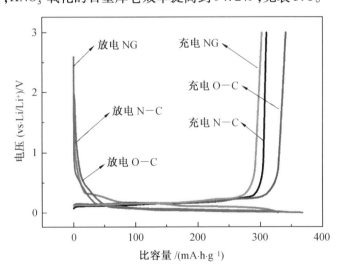

图 3.16　天然石墨与氧化改性石墨的首次充放电曲线
（电流密度为 100 mA/g）

表 3.8　天然石墨及氧化石墨首次充放电容量数据

电极材料	放电容量 /(mA·h·g^{-1})	充电容量 /(mA·h·g^{-1})	不可逆容量 /(mA·h·g^{-1})	首次库仑效率 /%
天然石墨（NG）	351.6	302.3	49.3	85.9
稀硝酸氧化（N-C）	328.9	310.0	18.9	94.2
双氧水氧化（O-C）	368.9	339.1	29.8	91.9

由图 3.17 循环性能曲线分析改性后的情况可以发现,不同氧化剂氧化的石墨均表现出较好的循环性能。尤其是前 20 次循环较天然石墨明显稳定,且可逆容量增加,不可逆容量下降,库仑效率提高。

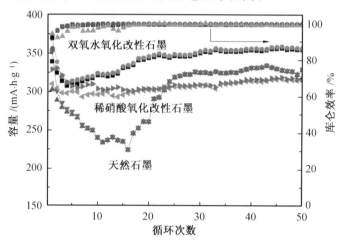

图 3.17   天然石墨与改性石墨循环性能曲线
(电压为 0.01 ~ 3.0 V)

结合氧化改性石墨前后的 SEM 照片(图 3.15)可知,在石墨相对活泼的端面位置上,锐利的尖角部分减少,出现孔洞。这些孔洞不仅可以成为贮藏锂的空间,而且可以作为锂离子进入碳层内部与碳形成锂碳化合物的通道,使锂离子更容易地沿石墨的基面进入电极材料内部,减小锂离子扩散阻力。之前由 XRD 测试数据详细分析发现氧化改性石墨层间距增大,3R 晶相比例增加,这些结构变化必会影响其电化学性能。

表 3.9 列出了天然石墨及氧化改性石墨第 30 次的容量,双氧水处理的石墨充电容量达到了 354.6 mA·h/g,库仑效率为 99.3%。可见氧化改性会使石墨原有颗粒均一化、表面结构稳定、缺陷活性位置减少,活性位被钝化后降低了不可逆容量,而且表面结构的稳定也使其在首次充放电时趋于形成稳定的 SEI 膜,多次的充放电锂化反应过程也相对稳定,从而提高了改性材料的电化学性能。

表 3.9   天然石墨及氧化改性石墨第 30 次的充放电容量

电极材料	放电容量 /(mA·h·g⁻¹)	充电容量 /(mA·h·g⁻¹)	不可逆容量 /(mA·h·g⁻¹)	库仑效率 /%
天然石墨(NG)	334.3	323.2	11.1	96.6
稀硝酸氧化(N–C)	314.2	304.1	10.1	96.7
双氧水氧化(O–C)	357.1	354.6	2.5	99.3

3.4　改性石墨储锂机制的研究

在石墨晶体中,相邻的碳层之间是以范德瓦耳斯力结合的。锂离子在嵌入石墨结构时,沿着阻力较小并有高度取向的基面进入石墨碳层之间,锂离子的嵌入没有使石墨原有层与层之间的结构被破坏,只是形成了石墨层间化合物(GIC),使原有的层间距加大,石墨及不同阶次嵌锂化合物结构示意图如图 3.18 所示。但石墨作为天然矿物总有缺陷,使其不能按照一阶层间化合物的形式嵌入锂离子,所以未经处理的天然石墨容量根据产地不同,可逆容量也有差别,在 200 ~ 300 mA · h/g 之间,远低于其理论容量。

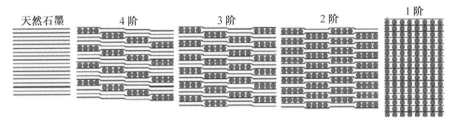

图 3.18　石墨及不同阶次石墨嵌锂化合物的结构示意图

天然石墨作为锂离子电池负极材料时,容量没有达到理论容量,具体原因有两种,一是作为天然矿物的石墨有不完整的晶体,存在缺陷,不能完全按照理论形成图 3.18 所示的一阶石墨层间化合物嵌入锂离子,也就是说石墨结构越稳定、越有序,其碳层在嵌入锂离子时越容易,可逆容量才能越接近理论容量(372 mA · h/g),同时它的锂化反应电位范围才越小,电极材料的电化学性能越好。二是石墨的表面结构是 SEI 膜的形成过程和结构是否稳定的主要影响因素。在首次充电过程时,电解液与锂离子发生非可逆的电化学反应,生成不溶性的各种锂盐,形成一个薄层沉积在石墨材料表面,这就是固体电解质膜,简称为 SEI 膜,其主要成分为多种锂的有机盐和无机盐类,特点是只能使锂离子通过,而较大的溶剂分子不能通过,它的这种特性可以防止有机溶剂分子进入碳层内部,SEI 膜在电极材料表面形成的结构越稳定,越有利于锂离子的自由脱出和嵌入。虽然从储锂机制上来看,SEI 膜的形成增加了耗锂,可它相当于给石墨包裹一层保护膜,阻止了碳层由于溶剂分子的进攻而造成剥落,即适当的 SEI 膜有利于石墨循环性能的稳定。因此,生成性质均一、结构稳定的 SEI 膜对于保护石墨负极材料有积极作用。未改性处理的石墨表面有不稳定的缺陷结构,不能生成均匀致密的 SEI 膜,在多次充放电循环后,SEI 膜不稳定的部分持续发生电化学反应,起不到保护石墨碳层的作用,容易不断被侵蚀,导致容量衰减、循环性能下降;而且锂离子在其中的扩散受到不均一的阻力,从而影响锂离子的嵌入和脱出,即影响锂充子的充放电速率,最终会影响石墨的电化学性能。故提高石墨的电化学性能,就要从根本上改变石墨有缺陷、结构不稳定的情况,优化石墨负极表面结构及界面状况,以便形成优良稳定的 Li+ 可进出的 SEI 膜,提高石墨负极的材料性能。

3.4.1　掺杂改性石墨储锂机制的研究

结合研究结果,分析掺杂改性石墨的储锂情况,图3.19所示为石墨碳层结构及储锂过程示意图,显示了不同情况的石墨结构,图3.19(a)为完整石墨基本单元层形成结构完整的石墨晶体,发生锂化反应时有相对稳定的 Li+ 扩散方向及运输通道,并在石墨表层形成均一的 SEI 膜,利于以后多次的充放电循环。图3.19(b)为有缺陷的石墨单元层构成不完整的石墨晶体,类似于天然石墨的结构,这种结构在首次锂化反应时,由于有缺陷的活性位置存在,一是会被电解液分子优先进攻,使碳层剥落,同时消耗锂离子造成不可

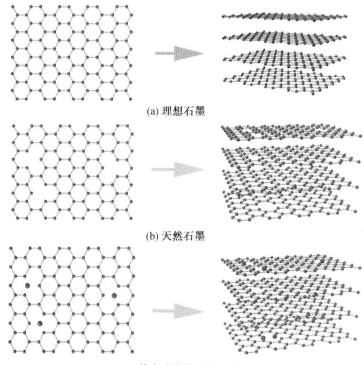

(a) 理想石墨

(b) 天然石墨

(c) 掺杂改性的天然石墨

图 3.19　石墨碳层结构及储锂过程示意图

逆容量;二是此处与周围碳层的结构不同,形成的 SEI 膜也会不连续、厚薄不均,进而影响锂离子的嵌入与脱出,最终影响电化学性能,表现为不可逆容量大、循环性能不稳定。图 3.19(c)为掺杂改性后石墨的结构示意图,石墨碳层上的空位被填补,失去活性的位置不容易被电解液分子进攻,保证了碳层的完整,形成 SEI 膜时由于掺杂离子对天然石墨表面的修饰,会形成稳定均一的 SEI 膜,锂离子就会有序地嵌入和脱出,表现为不可逆容量降低、循环性能稳定。

　　所以,掺杂改性石墨是从改变天然石墨原有的微观结构入手,使不饱和碳(不是以 sp^2 杂化形式存在的碳原子)失去活性,稳定材料的表面结构。这样石墨在首次充放电时,就会保证锂离子的有序嵌入和脱出,这样掺杂改性石墨可逆容量增加,首次锂离子的耗损减少、库仑效率提高、循环性能稳定,达到改善天然石墨性能的目的。

3.4.2　氧化改性石墨储锂机制的研究

　　氧化改性天然石墨本质与掺杂改性一样,即减少石墨活性位置易于受电解液溶剂分子进攻产生锂离子耗损和形成不稳定的 SEI 膜的情况。如图 3.20 所示,氧化剂与石墨充分接触时,会优先进攻碳层上的活性位置(即缺陷位置)或碳层端面位置,这些不饱和碳的位置被进攻后发生氧化反应生成含氧官能团,如 C—OH、C =O、C—O 等,这些官能团由于化学键的极化作用,不会与碳层处于同一平面,如图 3.20(a)所示,在这些官能团的石墨层上,官能团会形成空间位阻效应,阻碍电解液分子嵌入碳层,抑制了活性位置的耗锂反应,降低了不可逆容量,又增大了层间距便于锂离子的扩散,同时氧化改性使石墨表面结构均一化,所以氧化改性的电化学性能明显增强,表现为可逆容量增加、库仑效率提高。相对于掺杂改性石墨,氧化改性石墨库仑效率提高的更多,这与氧化使石墨层间距增大的更多有关。正如图 3.20(b)所示石墨碳层的结构,氧化改性会在基面或端面活性位置发生,

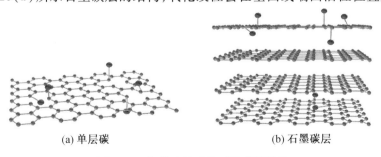

(a) 单层碳　　　　　　　　　　　(b) 石墨碳层

图 3.20　氧化改性后的石墨碳层结构

生成各种含氧官能团补充了碳层缺陷的位置,类似于一层钝化的物质,有利于形成稳定的 SEI 膜。

图 3.21 为天然石墨表面形成 SEI 的示意图,可更深入地理解氧化改性后形成稳定 SEI 膜的情况。图 3.21(a)为碳层端面的缺陷位置被电解液溶剂分子进攻,由于溶剂分子体积较大,进入碳层后会改变原来的层间距,严重的可使碳层发生脱落,导致石墨层状塌陷、粉化。而且溶剂分子深入碳层后,会在此处发生电化学反应产生不可逆容量消耗锂离子,反应的不溶物质堆积在碳层上,使形成的 SEI 膜不连续、不稳定,影响石墨的可逆容量和库仑效率,使电化学性能降低。图 3.21(b)为氧化剂与端面碳发生氧化反应后,使活性位置的碳钝化,阻止了电解液溶剂分子的进攻,并减少电化学反应生成的不溶物堆积在此处,最终形成连续均一的 SEI 膜,提高了石墨的电化学性能。

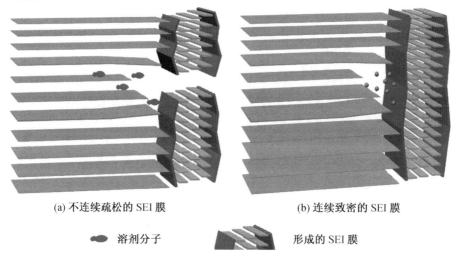

(a) 不连续疏松的 SEI 膜   (b) 连续致密的 SEI 膜

溶剂分子   形成的 SEI 膜

图 3.21　天然石墨表面形成 SEI 膜的示意图

采用简易液相法制备阳离子掺杂和氧化剂改性的天然石墨,进行了 XRD、XPS 和 SEM 测试,结果显示掺锂、掺钾和氧化改性石墨结构发生变化,将其组装成实验电池测试数据显示,改性后可逆容量增加、库仑效率提高、循环性能稳定,并讨论改性石墨电化学性能变化的储锂机制,主要内容如下。

(1)制备掺锂和掺钾的改性天然石墨,以可逆容量为衡量指标,确定最佳改性条件是掺杂量为 1%,热处理时间为 2.5 h,热处理温度为 650 ℃。

(2)掺杂改性天然石墨的晶体结构与天然石墨相比,层间距增大、3R 晶相比例增加、有序度增强及碳的结合状态发生改变。在电化学性能上,掺锂石墨可逆容量达到了 333.2 mA·h/g,库仑效率提高到 92.7%,经过 50 次循环后,可逆容量保持在 347.5 mA·h/g。掺钾石墨首次可逆容量为 340.2 mA·h/g,但可逆容量不能得到保持。分析其储锂机制,掺杂的锂离子填补了活性缺陷位,稳定了石墨的结构,使表面结构有序、稳定,保证锂离子的有序嵌入和脱出。有利于在首次充放电时形成稳定的 SEI 膜,表现为不可逆容量减少、库仑效率提高、循环性能稳定。

(3)对氧化改性天然石墨进行表征,显示其层间距增大、3R 晶相比例增加、氧元素含量增加。SEM 照片可见改性石墨表面尖锐的角相对减少并伴有细微的孔洞出现。

(4)分析氧化改性石墨的储锂机制,因为石墨片层基面空缺或端面活性位置较多,不饱和的碳与氧化剂发生反应生成含氧官能团,并在此处形成空间位阻效应,阻碍电解液分子嵌入碳层,抑制了活性位置的电化学反应从而减少不可逆容量,由于含氧官能团的进入,增大了层间距便于锂离子的存储和扩散,同时钝化的物质更利于形成稳定的 SEI 膜,表现为改性石墨可逆容量增加、库仑效率提高、循环性能稳定。

(5)对比氧化和掺杂改性对天然石墨结构的影响情况,一系列测试数据显示,氧化改性较掺杂改性使天然石墨层间距增大更多,表现为氧化改性使石墨库仑效率提高更多、循环性能更稳定,因此氧化改性更有效。

第4章 石墨烯与 GN/ZnO 复合材料制备及电化学性能

4.1 概　　述

通过对天然石墨进行掺杂和氧化改性,使其可逆容量增加、库仑效率提高、循环性能稳定。就储锂机制而言,都是使原有结构趋于稳定便于锂离子嵌入和脱出并形成稳定的 SEI 膜,为天然石墨拓宽应用领域提供了理论支持。但是,改性方法由于还保持石墨的基本结构,提高的容量是有限的,要想获得更大的容量,只能打破石墨的致密层状结构,使其剥离成单层、双层或多层的石墨烯片层,与锂离子发生反应时,在碳层上下两侧嵌入 Li^+,形成 Li_2C_6 化合物,理论容量增加两倍为 744 mA·h/g。由石墨制成石墨烯后,表面积急剧增加,电极材料与电解液能充分接触,而且纳米厚度的片层无序堆积,增加了更多的储锂空间,纳米材料的小尺寸效应,更有利于 Li^+ 和电子的传递和运输。可见由石墨剥离制成石墨烯是增加容量的有效途径。

石墨烯即单层的石墨,石墨烯的晶体构型为正六边状,由六个 sp^2 杂化碳原子牢固连接而成,每个晶格平面上是三个 σ 键,晶面的垂直方向是碳的一对电子形成的大 π 键,π 键可在石墨烯晶面的平面上自由平移,使石墨烯具有超强的导电性。其中,C—C 键长度约为 0.142 nm,单层石墨烯厚度仅为 0.334 nm,与石墨碳层间的间距相等。另外,石墨烯还具有优良的稳定性,较好的机械性能让它不受外界条件变化而改变本身的基本结构,这种良好的柔韧性可作为与其他材料复合的载体。

石墨烯由石墨制备方法有许多,从本质上都可归纳为物理法和化学法。物理法是机械剥离法,通过施加外力破坏石墨层的范德瓦耳斯力,如将石墨固定在平台上,用透明胶带反复剥离石墨片层,直至平台上剩下石墨片层符合要求为止,但这种方法生产石墨烯工艺繁重,得到石墨烯的量太少,只能在实验室研究使用,不能大规模生产。化学法主要是氧化还原法,用强氧化剂使碳形成的多种碳氧化合物嵌入石墨层间,再采用物理手段将层间距拉大(如超声),并剥离成氧化石墨烯,氧化石墨烯再通过还原得到石墨烯,此方法可控制氧化剂用量及时间来制备石墨烯,生产条件简单、方法重现性好,能够投入大量实际生产,将会开发我国天然石墨使用的新领域。

　　本章采用氧化法制备氧化石墨烯,再还原得到石墨烯。并以氧化石墨烯为载体,与 ZnO 复合制备复合电极材料,虽然已有研究人员报道了石墨烯及石墨烯/过渡金属氧化物作为负极材料的研究,但作为电极材料由天然石墨到石墨烯纳米片结构变化导致储锂机制变化,以及结构对电化学性能的影响仍需深入研究,尤其关于石墨烯与 ZnO 复合作为负极材料的研究较少。本章中复合材料采用简便易于推广的液相沉淀法制备,表征其结构和电化学性能后,分析结构对性能的影响及储锂时的电化学行为。

4.2　石墨烯(GN)制备及电化学性能的研究

4.2.1　石墨烯制备方法

　　采用改进的化学氧化还原法将天然石墨剥离成石墨烯。首先优化氧化时间和工艺过程,以石墨烯第 10 次可逆容量为衡量指标,确定石墨烯的制备条件。制备过程分为两个部分,先制备氧化石墨烯,过程依次经过低温、中温和高温,合成路线图如图 4.1 所示,再用化学法将氧化石墨烯还原得到石墨烯。

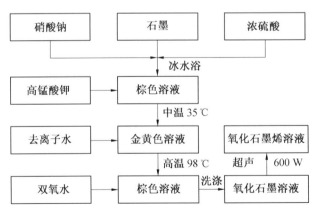

图 4.1　氧化石墨烯的合成路线图

　　具体步骤是先将 500 mL 的反应瓶置于冰水浴中,加入 50 mL 浓硫酸,再在搅拌条件下加入 2 g 天然石墨和 1 g 硝酸钠的固体混合物,控制反应 30 min 内温度不超过 5 ℃,然后升温到 35 ℃左右,在不断搅拌情况下分次加入 6 g 高锰酸钾,在半小时内加完,继续搅拌反应 30 min,再缓慢加入一定量的去离子水,使溶液变为亮黄色,让温度上升到98 ℃,保持此温度30 min,中间过程不能停止搅拌,至此氧化过程结束。加入适量双氧水除去残留的氧化剂。趁热过滤,并用5%(质量分数)HCl溶液和去离子水洗涤溶液直到滤液中性,无硫酸根被检测出为止,再用超声设备剥离氧化石墨,超声功率为600 W,处理后的溶液为氧化石墨烯溶液。制备氧化石墨烯结构变化图如图4.2所示。

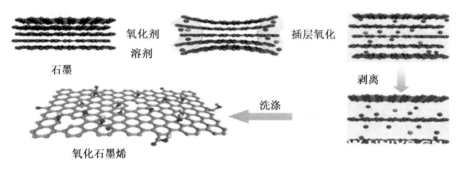

图4.2 制备氧化石墨烯结构变化图

石墨要经过充分的氧化反应才能被剥离成片层的石墨烯单元,为保证石墨被彻底氧化,控制氧化反应时间非常重要,故反应过程应维持低温反应(冰水浴,1 h)、中温反应(30 ℃,2 h)和高温反应(98 ℃,1 h)的过程。另外,得到氧化石墨只有用超声处理后才能剥离成氧化石墨烯,超声剥离要分多次进行,超声探头功率为600 W,分三次进行每次0.5 h。若要得到石墨烯,还需用水合肼,在回流条件下还原2 h,最终得黑色粉末状石墨烯(GN)。也可采用热还原方法,表4.1列出了不同还原方法制备石墨烯的容量数据,热还原得到的石墨烯充电容量都远低于水合肼还原的石墨烯,而且库仑效率较低,因此经过实验优化后,讨论的石墨烯均以水合肼还原得到。

表4.1 不同还原方法制备石墨烯的容量数据

样品	还原方法	放电容量 /(mA·h·g⁻¹)	充电容量 /(mA·h·g⁻¹)	不可逆容量 /(mA·h·g⁻¹)	库仑效率 /%
GN-1	水合肼还原	2 059.2	848.4	1 210.8	41.2
GN-2	热还原 600 ℃	1 866.3	636.4	1 229.9	34.1
GN-3	热还原 800 ℃	2 151.3	763.7	1 387.6	35.5
GN-4	热还原 1 000 ℃	2 210.2	720.6	1 489.6	32.6

由石墨的致密结构变为二维的石墨烯,首先在浓硫酸、高锰酸钾强氧化性的作用下,氧化剂由碳层端面进入碳层内部进行插层反应,碳层上的碳被

氧化后形成多种含氧官能团,其体积较大增加了石墨层间距。而官能团与水分子能形成氢键,所以氧化石墨的水溶性很好。层间的范德瓦耳斯力又很弱,可以在一定功率的超声下被剥离成若干层,再将过量的氧化剂和酸性除去,得到氧化石墨烯溶液。最后经过化学还原制备得到石墨烯,每次实验天然石墨均为 2 g,反应得到的石墨烯约为 1.5 g,计算平均产率为 75%。

4.2.2 石墨烯的结构表征

图 4.3 所示为天然石墨、氧化石墨烯和石墨烯的 XRD 谱图,在三个衍射谱中从下到上依次为天然石墨、氧化石墨烯(GO)、石墨烯(GN),GO 的衍射峰与天然石墨有显著的区别,在 11.6° 左右出现宽峰,晶体结构发生改变,碳被氧化成碳氧单键或双键的含氧官能团嵌入到碳的片层间,如羧基、羟基、环氧基等会使碳层的间距增大,当 GO 被还原后,衍射峰又恢复到天然石墨的特征峰(26.5°),说明石墨烯的基本晶体结构与石墨一致,而且它不是尖锐强峰而是宽峰,可见石墨制备成石墨烯后,呈现典型纳米无定形结构特征。

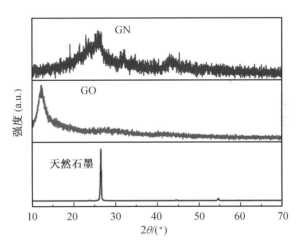

图 4.3 天然石墨、氧化石墨烯和石墨烯的 XRD 谱图

通过布拉格公式(式(3.1))和谢乐公式(式(4.1)),可以计算出 GO 片层之间的距离为 0.761 0 nm,明显大于石墨的层间距(0.335 6 nm),显然增大的间距是由含氧官能团进入石墨片层间造成的,计算得到的数据见表 4.2。

$$D = \frac{K\lambda}{B\cos\theta} \qquad (4.1)$$

式中,K 为 0.89;B 为积分半高宽度;θ 为衍射角度。

表 4.2　天然石墨、氧化石墨烯和石墨烯结构数据

材料	层间距/nm	片层数
天然石墨	0.335 6	160 层
氧化石墨烯(GO)	0.761 0	40 层
石墨烯(GN)	0.335 3	8 层

　　为更好的理解由石墨致密晶体结构转变为石墨烯片层结构,对两样品进行拉曼光谱分析,拉曼光谱能够提供晶体和多孔材料的振动模式,是对XRD 表征的有益补充。图 4.4 所示为石墨和石墨稀的拉曼谱图。从图中可以看出,两个样品分别在 1 340 cm⁻¹ 和 1 580 cm⁻¹ 处出现了碳材料的特征峰 D 峰和 G 峰,D 峰对应于石墨烯中的缺陷和其堆积的无序化,G 峰是反映 sp² 碳原子的极化振动,即石墨的致密层有序特征,另外,I_D/I_G 为这两个峰的强度比,比值越大表明石墨烯无序化程度越强。从图中可判断出制备的石墨烯纳米片无序化程度显著高于石墨,暴露的活性端面越多,进行储锂能力越强。

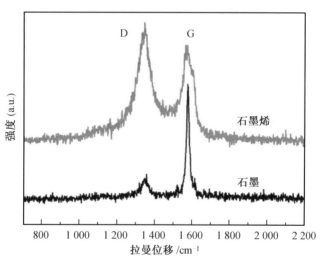

图 4.4　石墨和石墨烯的拉曼谱图

　　还可以通过 XPS 谱图分析石墨烯与氧化石墨烯的变化情况。图 4.5 所示为石墨烯及氧化石墨烯的 C1s 谱图,原来的峰拟合后可发现两样品均有显著的 sp² 杂化的 C═C,峰值为 284.2 eV,在 GO 的谱图中还有拟合的环氧基、醚基或羰基 C—O,峰值为 286.4 eV,但 GN 拟合后的 C—O 峰面积所占比例显著减少,表明 GO 被还原为 GN,仍存在少量的 C—O 官能团。

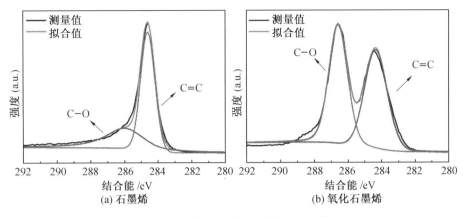

图 4.5　石墨烯及氧化石墨烯的 C1s 谱图

4.2.3　石墨烯的形貌表征

图 4.6(a)为天然石墨的 SEM 照片,从图中看出天然石墨呈致密厚片层结构,根据 XRD 数据和谢乐公式(式(4.1))计算出片层厚度约为 160 层(表 4.2)。石墨基面较大,相对光滑,而端面形状不规则,存在尖锐部分,强氧化剂插层进入石墨层间,撕裂碳层使石墨烯呈现图 4.6(b)形态,由于层间距的增大,石墨单元层边缘端面与基面在机械应力作用下,出现弯曲变形,不能保持平面状态,而石墨烯片层只有几个纳米,巨大的长径比使石墨烯表面出现典型的褶皱结构,石墨烯片呈现如丝绸般起伏状。图 4.6(c)和图 4.6(d)高倍率照片显示石墨烯片呈无规则堆砌,除观察到明显的片层弯曲、褶皱和堆叠现象外,还出现了大小不一微米级的孔,这种多孔结构不仅出现在石墨烯的片层上(图 4.6(c)),也有片层弯曲堆叠而成(图 4.6(d)),这种多孔的结构有利于充放电时锂离子的传递,并因此而提高石墨烯的电化学性能。

SEM 照片只能观察到石墨烯片层的外部形态,TEM 照片能观察到石墨烯纳米片的清晰轮廓,如图 4.7 所示。图 4.7(a)显示石墨烯片层起伏,如轻薄透明的丝绸一样,并且能够观察到非常明显的褶皱和片层的重叠。放大后(图 4.7(b))更清晰地观察到褶皱遍布整个石墨烯片层,并伴有片层重叠而成的褶皱。图 4.7(c)是放大的褶皱部分,周围是石墨烯的不定型碳。图 4.7(d)能清楚观察片层的端面,根据单层石墨烯 0.335 4 nm 的层间距,可计算出图中石墨烯的层数,确定氧化还原法制备的是多层石墨烯。此图中插入的小图为石墨烯的电子衍射照片,可见清晰的六元环结构。

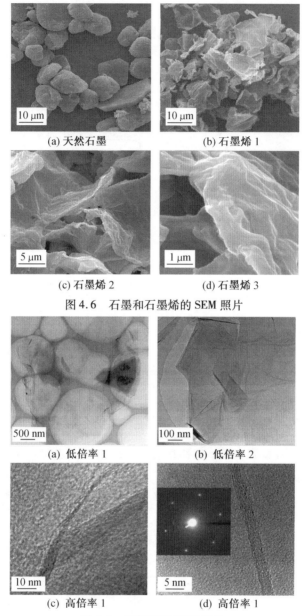

(a) 天然石墨　　　　　　(b) 石墨烯 1

(c) 石墨烯 2　　　　　　(d) 石墨烯 3

图 4.6　石墨和石墨烯的 SEM 照片

(a) 低倍率 1　　　　　　(b) 低倍率 2

(c) 高倍率 1　　　　　　(d) 高倍率 1

图 4.7　石墨烯的 TEM 照片

　　使用原子力显微镜对石墨烯纳米片的厚度进行观察,如图 4.8 所示。图 4.8(a)为 GN 的平面二维照片,呈现不规则的边缘结构,可测量得到 GN 纳米片的厚度约为 2.7 nm,按单个层间距(0.335 4 nm)计算,属于多层石墨烯,与图 4.7 分析结果一致。图 4.8(b)为其三维立体照片。

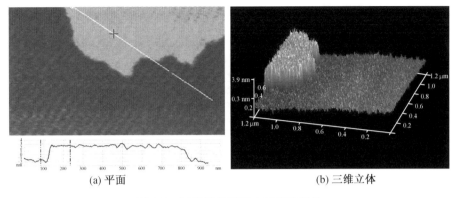

(a) 平面   (b) 三维立体

图 4.8 石墨烯的原子力显微镜照片

4.2.4 石墨烯的电化学性能

根据改良的 Hummer's 法制备的石墨烯,通过形貌结构分析,具有薄片层纳米结构,将其组装成实验电池后进行测试,石墨烯恒流充放电曲线如图 4.9 所示。首次放电曲线(嵌锂过程)在 0.8 V 左右开始有电压平台,对比石墨的首次放电曲线,此处是石墨烯片层表面不可逆反应形成的 SEI 膜,产生不可逆容量损失,且此平台没有像石墨一样稳定,呈现无定形碳嵌锂过程倾斜现象。从第 2 次循环之后,未出现明显的电压平台,与无定形碳的放电情况一致,而且有显著的电压滞后现象,循环次数越多,滞后越明显,可能是石墨烯在多次充放电过程中,不断失去可逆的储锂位置,不可逆容量增多,并出现片层堆叠类似于石墨致密块体结构的情况,失去石墨烯单片层在碳层基面上下两侧储锂的优势。

如图 4.9 所示,石墨烯首次放电容量为 2 059.2 mA·h/g,可逆容量为 848.4 mA·h/g,可逆容量除以放电容量计算得到首次库仑效率为 41.2%。分析较大的不可逆容量产生是由于石墨烯具有较大表面积,在首次嵌锂时石墨烯表面发生锂与电解液中溶剂分子的电化学反应,生成不溶性的锂盐沉积在石墨烯表面,这种反应是不可逆的,因此要消耗一定量的锂,产生不可逆容量。另外,图中石墨烯的第 2 次、5 次和 10 次循环的充电容量都不断减小,说明每经历一次嵌锂和脱锂过程,石墨烯的可逆容量都在衰减,一个原因是石墨烯较大的比表面积和起伏的表面使之生成 SEI 膜的过程较复杂,表面形成的钝化膜不够稳定,在每次循环都会发生 SEI 膜的反应过程,所以不断地耗锂,可逆容量下降;另一个原因是随着充放电循环的进行,石墨烯的片层之间由于分子间的作用力不断靠近,直至堆垛到一起,失去了储锂的空间,这一过程可由图 4.10 所示石墨烯的循环性能曲线得到证实。

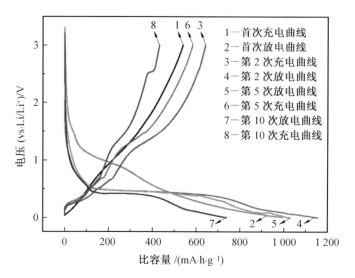

图 4.9　石墨烯恒流充放电曲线
（电流密度为 50 mA/g，首次和第 2、5、10 次循环）

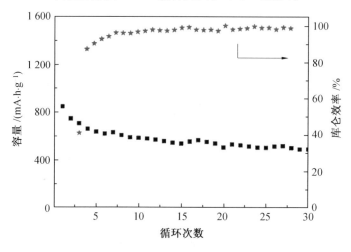

图 4.10　石墨烯的循环性能曲线
（电流密度为 50 mA/g）

　　图 4.10 可看出，随循环次数的增多，充放电容量不断接近，库仑效率基本不变，但可逆容量由 848.4 mA·h/g 下降到第 30 次循环的 589.3 mA·h/g，可逆容量保持率为 69.5%，可见石墨烯的可逆容量是衰减的。这是因为在多次嵌入脱出锂离子过程中，多个片层距离由于静电作用力不断减小，导致储锂空位、孔洞或微孔洞减少或消失，甚至片层又堆叠成石墨结构，失去碳层基面上下两侧储锂的优势，这种情况也使可逆容量减少。

4.2.5　石墨烯储锂机制的分析

石墨烯作为负极材料,碳层两侧均可与锂结合形成 Li_2C_6 化合物,则其理论容量应为 744 mA·h/g,但图 4.9 的充放电曲线和图 4.10 循环性能曲线显示,石墨烯的可逆容量(充电容量)超出其理论容量,尤其首次可逆容量是理论容量的 1.35 倍。这一情况表明,所制备的石墨烯有丰富的储锂位置。通过绘制石墨烯的储锂机制图,说明石墨烯可逆容量的来源和超出理论容量的原因。因石墨烯是石墨的结构单元,虽然有各种特殊的物理性能,但在储锂机制上仍与石墨相同,由于它是二维的平面结构,因此形成的石墨层间化合物(GIC)为 Li_2C_6。本书由天然石墨制备的是多层石墨烯,其储锂结构示意如图 4.11 所示,可能储锂位置有正常基面储锂位、基面空缺储锂位、端面储锂位和片层交叠储锂位。

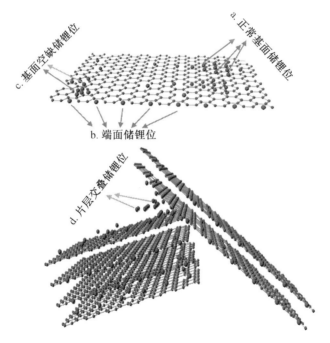

图 4.11　石墨烯储锂结构示意图

这些储锂位置具体情况是:①石墨烯片层端面储锂位,即碳层扶椅形、之字形或其他边缘位置;②石墨烯碳层的晶格缺陷或空缺位置,尤其是还原含氧官能团而产生的微小孔洞位置;③除去石墨烯表面形成 SEI 膜后其他的碳层基面位置;④石墨烯片层是较大的薄片,存在无序堆积在一起的纳米结构产生不少褶皱和片层交叠位置,这些位置与表面的缺陷或多孔结构一样,也可以储存锂离子产生容量。以上这四种储锂位置都利于储存锂离子,即形成石墨烯的可逆容量。但这些位置并不是不变化的,它们会受到一些原因的影响,如石墨烯片层间的堆垛变化等。对于石墨烯内部多孔情况,可以通过测试其孔径分布来分析,图4.12所示为天然石墨及石墨烯的氮吸附-脱吸曲线及孔径分布。图4.12(d)是石墨烯的孔径分布,内部的孔在10~100 nm 范围内,一部分是天然石墨结构中的结构缺陷,被制备成石墨烯后仍保留了下来,另外一部分是氧化还原方法制备时含氧官能团的生成位置,官能团被还原后出现的,还有一些是石墨烯片层之间交叠堆积时产生的。

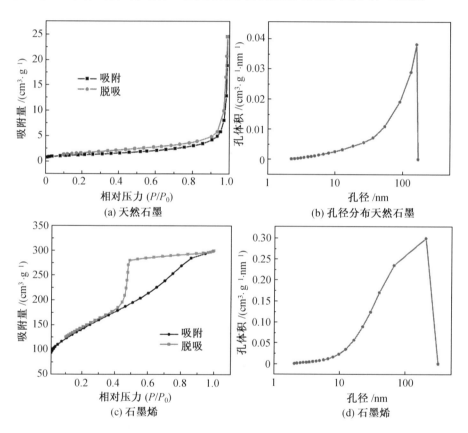

图4.12 天然石墨及石墨烯的氮吸附-脱吸曲线及孔径分布

另外,分析造成石墨烯不可逆容量的原因有:

(1)石墨烯片层表面因形成 SEI 膜,不可逆的电化学反应使消耗的锂离子不能再脱出,而失去一定的容量,尤其在首次嵌锂时,由于石墨烯大的比表面积,产生较多的不可逆容量。由图4.12可知,石墨烯的 BET(多层吸附理论)表面积达到了 503.1 m^2/g,而石墨只有 9.3 m^2/g,大的表面积会使石墨烯在首次充放电时形成 SEI 膜消耗较多的锂离子。又由于石墨烯表面有活性位点(可参考 3.4),形成的 SEI 膜不能相对稳定,会出现多次循环时都消耗锂离子的情况,也造成更多容量的损失。

(2)有一些 Li^+ 扩散路径相对较长的复杂位置,如多层石墨烯层内的基面位置,这些位置受到电解液的性质、Li^+ 扩散系数等因素影响,成为不稳定的储锂位置,使 Li^+ 嵌入后不易脱出造成不可逆容量。

综上所述,石墨烯结构的特殊性造成其储锂位置复杂性,使它没有石墨一样平坦的嵌锂平台,且由于形成 SEI 膜不稳定、片层堆叠等原因,每次嵌脱锂循环后都可能使一部分的储锂位置失活,致使其容量衰减。可见石墨烯不适合单独作为负极材料,但其较好的导电性、较强的片层机械柔韧性可以与过渡金属氧化物制备成复合材料,发挥它的优势形成新型的负极材料。

4.3　石墨烯与 ZnO 复合材料制备及电化学性能

金属氧化物种类虽然多样,但从其储锂机制来分类,常见的有合金类、转换类及嵌入类三种。ZnO 的储锂机制属于合金类,作为一种常见的过渡金属氧化物材料,在化学、电子和光学等领域具有广泛的应用,近年来在锂离子电池领域也显示出潜在的应用前景,主要是因为材料产量大、价格便宜、环境友好,且具有较高的理论比容量(978 mA·h/g),远高于传统的石墨碳基负极材料。但是 ZnO 作为锂离子电池负极材料存在一定的缺陷,如电子传导率低,在充放电循环中体积膨胀较严重而导致失去电接触,不再具有电化学活性等。因此要想充分利用较高理论比容量的优势就必须克服其自身存在的不足,科研工作者在这方面做了一定的工作,如改变材料的形貌制备成纳米结构,缩短锂离子的传输路径和提供更大的有效接触面积,或者是与其他导电性较好的物质复合以提高其导电性能。1.5.3 节对已发表的 ZnO 与石墨烯复合情况分析后发现,简易液相的合成方法研究较少,本章将讨论此方法合成"0D-2D"的 GN/ZnO 复合材料结构、形貌、性能及它们之间的关系。

4.3.1　GN/ZnO 复合材料的制备

GN/ZnO 复合材料的制备采用简易液相法,反应在室温下进行。为确定最合适的 GN/ZnO 复合条件,考查不同液相溶剂下氧化石墨烯与 ZnO 的复合情况,选择了全水溶剂、乙醇和水 1∶1 的溶剂、全乙醇溶剂。GN/ZnO 纳米复合材料的制备过程如图 4.13 所示,只改变溶解氧化石墨烯的溶剂,以水作为溶剂为例说明制备过程。

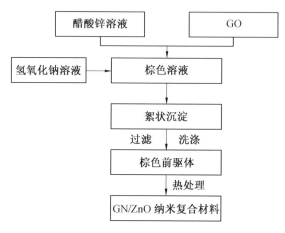

图 4.13　GN/ZnO 纳米复合材料的制备过程

取制备好的质量浓度为 10 mg/mL 氧化石墨烯水溶液,先在室温下超声分散 1 h,形成均匀分散的棕色悬浮液。然后加入一定量的醋酸锌溶液,并持续不断地搅拌,待体系混合均匀后,逐滴加入氢氧化钠溶液(0.1 mol/L),在磁力搅拌条件下,控制滴加速度,使反应在 0.5 h 内完成。生成的产物用去离子水洗涤多次,60 ℃下干燥 6 h,在一定温度下进行热还原 2 h,除去含氧官能团,并使 Zn(OH)$_2$ 分解为 ZnO,得到石墨烯/ZnO 纳米复合材料。

对于不同溶剂制备的复合材料,采取同样的步骤,分别使用水、乙醇和水(1∶1)的溶剂、乙醇。将制备的三种复合材料样品进行 XRD 和 SEM 测试,结果如图 4.14、图 4.15 所示。

图 4.14 所示为不同溶剂下制备的 GN/ZnO 复合材料的 XRD 谱图,图 4.14(a)可清晰确定石墨烯和 ZnO 的衍射峰,峰强度大且尖锐,说明在水溶剂中复合材料结晶度好。图 4.14(b)为乙醇和水的混合溶剂反应,虽能确定 ZnO 的衍射峰,但未观察到石墨烯的特征峰而是类似于石墨的尖锐峰,很可能是石墨烯没有与 ZnO 复合成功,ZnO 的特征峰强度大所以呈现出来,推断 ZnO 与石墨烯为混合物状态。图 4.14(c)为乙醇溶剂反应,可辨别出 ZnO 在 30°～40°之间的特征峰,但由于结晶度不好,呈现几个峰合并而成的宽峰。所以,只有在水溶剂条件下合成的石墨烯与 ZnO 复合材料结晶度较好。

再结合不同溶剂合成下材料的 SEM 照片来分析,图 4.15(a)可清晰观察到 ZnO 颗粒分散镶嵌在石墨烯片层上,这种均匀的结构利于电化学反应

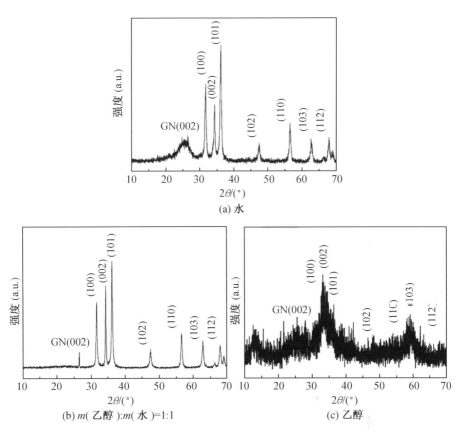

图 4.14　不同溶剂下制备的 GN/ZnO 复合材料的 XRD 谱图

图 4.15　不同溶剂下 GN/ZnO 复合材料的 SEM 照片

时锂离子的扩散,有助于提高复合材料的电化学性能。图 4.15(b)中 ZnO 颗粒团聚严重,不能均匀分散的分布,这种结构不利于 ZnO 充放电时保持原有的结构。图 4.15(c)没明显观察到 ZnO 颗粒,可见在乙醇溶剂中不易生成结晶度好的 ZnO 颗粒。综合以上不同溶剂条件下制备复合材料的结构和形貌,确定在水溶剂下更利于石墨烯与 ZnO 的复合,因此本书均采用水溶剂液相法合成复合材料。

除此之外,石墨烯对复合材料的总容量也有贡献,而合成过程中的热处理温度会影响石墨烯在复合材料中所占的比例,所以要考虑热处理温度对复合材料的影响。在同一投料比情况下改变温度,并以首次可逆容量为衡量指标,实验结果见表 4.3。根据实验数据可知随温度不同,复合材料的充电容量、库仑效率有较大的变化,热处理温度为 300 ℃时,充电容量达到 640.7 mA·h/g,库仑效率达到 55.5%,显著高于其他两种情况。证明石墨烯不但作为 ZnO 的导电网络和支撑骨架,还影响复合材料的可逆容量,最终确定热处理时 300 ℃为复合材料的最佳热处理温度。

表 4.3 不同热处理温度下复合材料首次可逆容量数据表

样品	热处理温度 /℃	放电容量 /(mA·h·g⁻¹)	充电容量 /(mA·h·g⁻¹)	不可逆容量 /(mA·h·g⁻¹)	库仑效率 /%
GN/ZnO-1	200	919.1	472.8	446.3	51.4
GN/ZnO-2	300	1 155.3	640.7	514.6	55.5
GN/ZnO-3	400	796.9	420.6	376.3	52.7

水溶液更利于复合材料的合成,原因是氧化石墨烯纳米片是金属离子 Zn^{2+} 原位生长的场所,水溶液里更利于构筑复合材料的结构。在水溶液里氧化石墨烯片层上存在多种含氧官能团(—C—O⁻、—C—O—O⁻等),离子带负电,而加入溶液的金属离子带正电,以正负电荷的静电吸引为驱动力,Zn^{2+} 以 $Zn(OH)_2$ 原位沉积在氧化石墨烯基体上,再经热处理,氧化石墨烯被还原,除去含氧官能团,$Zn(OH)_2$ 失水成为 ZnO,最终得到 GN/ZnO 负极材料。为控制复合材料的生成速度,采用将 OH⁻ 逐滴滴入到反应溶液中的办法。制备过程示意图如图 4.16 所示。

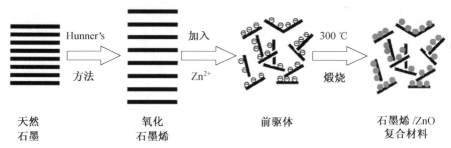

图 4.16 GN/ZnO 复合材料制备过程示意图

考虑到复合材料中石墨烯与 ZnO 有不同的储锂机制,其质量比会影响电化学性能,故需要得到最优的石墨烯与 ZnO 合成比例,考查了石墨烯与 ZnO 三种不同质量制备而成的复合材料,比例分别为 1∶2、1∶1 和 1∶0.5,并对其进行了结构和电化学性能的分析。

4.3.2　GN/ZnO 的结构形貌表征

图 4.17 所示为 GN/ZnO 复合材料的 XRD 谱图,质量比从下往上依次为 1∶0.5、1∶1 和 1∶2。在 26.4°的衍射峰为石墨烯无序碳的宽峰,其他尖锐强度较大的为 ZnO 的衍射峰,与标准 PDF 卡 No.36–1451 完全一致,且结晶度较好。随着 ZnO 在复合材料中比例的增加,相对应的衍射峰强度也逐渐增加,而石墨烯的衍射峰因受 ZnO 比例增加的影响,峰宽逐渐变窄,也就是说,ZnO 在复合反应中的比例影响石墨烯纳米片的堆叠情况,原因可能是 Zn^{2+} 与带负电的含氧官能团之间的静电作用引起的。

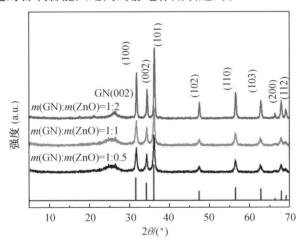

图 4.17　GN/ZnO 复合材料的 XRD 谱图

不同质量比 GN/ZnO 复合材料的 SEM 照片,如图 4.18 所示。当 $m(GN)∶m(ZnO)$ 为 1∶0.5 时,石墨烯表面可见少量沉积颗粒,可能是 Zn^{2+} 的量不足,导致生成 ZnO 没形成大的固体颗粒。当 $m(GN)∶m(ZnO)=$ 1∶1 时,在石墨烯表面可清晰观察到嵌入的 ZnO 颗粒,大小较均匀,分布均一。当 $m(GN)∶m(ZnO)=1∶2$ 时,ZnO 颗粒在石墨烯表面开始密集堆积,大量的 ZnO 颗粒拥挤并连接成较厚的片,覆盖在石墨烯表面。

根据 ZnO 颗粒大小与石墨烯片大小比例,认为这种结构是"点–面"结合的"0D–2D"的复合结构,石墨烯片是二维的面,ZnO 颗粒是零维的点,零维点像铆钉一样镶嵌在二维面上,成为结合紧密的复合材料。从这种结构来看,石墨烯的大表面积使 ZnO 颗粒有良好的分布,不用堆积成更大的颗粒,而 ZnO 颗粒在石墨烯表面支撑起片层,使不同的石墨烯片之间不能堆叠,为电化学反应提供了坚固的"0D-2D"立体构型。从三种不同比例来看,第二种情况 ZnO 的均匀分散更有利于负极材料发生锂化反应。

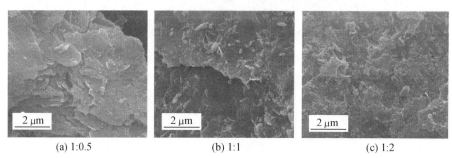

(a) 1:0.5   (b) 1:1   (c) 1:2

图 4.18   不同质量比 GN/ZnO 复合材料的 SEM 照片

图 4.19 为质量比为 1:1 的 GN/ZnO 复合材料的 TEM 照片,图 4.19(a) 中小图为电子衍射情况,样品呈现多圆环为多晶;图 4.19(b)高分辨照片显示,ZnO 为直径 20~40 nm 的小颗粒(粒径分布如图 4.20 所示),均匀分散地铆钉在石墨烯片层上,表现为点面结合的"0D-2D"空间构型,这种构型中的石墨烯片,一可作为承载 ZnO 的载体,其结构稳定性能抑制 ZnO 在充放电过程中发生的体积变化;二可以作为电子和 Li⁺ 的传输通道。也就是说 ZnO 颗粒由于镶嵌在石墨烯片上,则可阻止石墨烯片层间的堆垛,保持石墨烯储锂空间的可逆性,防止石墨烯片层间重新堆垛而减少储锂空间。

 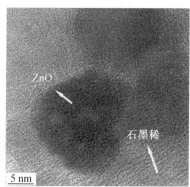

(a) 低倍照片 (插图是电子衍射照片)   (b) 高分辨照片

图 4.19   质量比为 1:1 的 GN/ZnO 复合材料的 TEM 照片

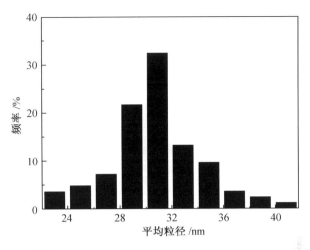

图 4.20　GN/ZnO 复合材料中 ZnO 的粒径分布

4.3.3　GN/ZnO 的电化学性能

将不同质量比的 GN/ZnO 复合材料组装成实验电池,进行恒流充放电测试,GN、ZnO 和 GN/ZnO 的首次充放电曲线如图 4.21 所示。观察到复合时石墨烯与 ZnO 质量比不同,复合材料的首次充放电容量和库仑效率也有差异,表4.4 列出了它们的首次充放电容量、不可逆容量和库仑效率的数值,其中石墨烯与 ZnO 质量比为 1∶1 的复合材料可逆容量最大,可见质量比是影响复合材料可逆容量大小的重要因素,此优化实验可以确定 1∶1 为最佳合成配比。

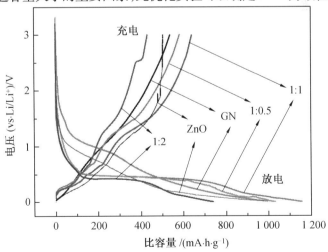

图 4.21　GN、ZnO 和 GN/ZnO 的首次充放电曲线

（电流密度为 50 mA/g）

由 4.3.1 节分析,经过热处理后质量比与最终复合材料中石墨烯的比例有差异,可通过对复合材料进行失重曲线的分析,确定石墨烯的质量比,计算复合材料的理论容量。如图 4.22 所示,热重实验条件为空气气氛,结果显示复合材料的失重率为 9.6%,分析失重曲线表明从 0~100 ℃时是材料中的水分挥发,100 ℃以后失去的质量是材料中的碳含氧官能团,热还原后随气流被带走,所以复合材料中石墨烯质量分数为 9.4%,介于石墨烯和 ZnO 的理论容量之间,故复合材料的理论容量计算式为

$$9.4\% \times 744 \text{ mA} \cdot \text{h/g} + 90.6\% \times 978 \text{ mA} \cdot \text{h/g} = 956 \text{ mA} \cdot \text{h/g} \quad (4.2)$$

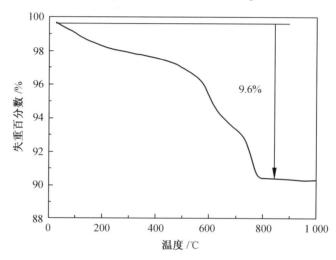

图 4.22 质量比为 1∶1 的 GN/ZnO 复合材料的失重曲线

从表 4.4 不同复合材料的可逆容量可确定,质量比为 1∶1 时样品容量最高,验证了 SEM 照片的结构分析,ZnO 颗粒的均匀分布有利于复合材料的储锂,之后的测试结果都是对此样品进行分析的。对于石墨烯在 4.2.5 节已分析过其储锂机制,大片层、表面微孔、官能团及片层交叠等结构会产生超出理论容量的储锂空间,故在复合材料中对总容量也有贡献,而且本身极好的导电性还有利于电子传输,增强 ZnO 的导电性,为发生电化学反应提供电子输送通道。对于 ZnO 来说,其储锂机制属于合金式储锂,储锂时锂与 ZnO 反应,得到金属 Zn,随后的锂化反应是锂与金属 Zn 生成 Li-Zn 合金,这是一个可逆反应。因此复合材料的总储锂容量,一部分是石墨烯的嵌入式锂化反应机制的贡献,另外一部分则是 ZnO 的合金式锂化反应机制的贡献。分析后可以推断,复合材料最高可逆容量为 640.7 mA·h/g,是石墨烯多孔和交叠结构的贡献,也与所制备复合材料的结构有关,即 ZnO 颗粒是"点

(0 维)",石墨烯是"面(2 维)"形成"0D-2D"复合结构,ZnO 颗粒像铆钉一样嵌入石墨烯表面,这种独特立体结构在发生锂化反应时产生了不同储锂机制的协同作用。

表 4.4　石墨烯 ZnO 及 GN/ZnO 复合材料的数据

材料	放电容量 /(mA·h·g⁻¹)	充电容量 /(mA·h·g⁻¹)	不可逆容量 /(mA·h·g⁻¹)	库仑效率 /%
GN	992.4	538.1	454.3	54.2
GN/ZnO(1∶0.5)	1 028.8	582.5	446.3	56.6
GN/ZnO(1∶1)	1 155.3	650.8	504.5	56.3
GN/ZnO(1∶2)	737.9	431.6	306.3	58.4
ZnO	977.1	505.2	471.9	51.6

循环伏安是电极材料常用来分析锂化反应机理的实验测试方法,根据不同电压下的电化学反应,推测嵌脱锂机制。图 4.23 所示为 GN/ZnO 为复合材料的循环伏安曲线,测试电势区间为 1 ~ 3 V(vs. Li/Li⁺),扫描速率为 0.5 mV/ s。第 1 次循环,在 0.05 V 和 0.5 V 处有两个显著的还原峰,0.05 V 强烈尖锐的还原峰代表的是石墨烯的嵌锂反应(式(4.3)),证明石墨烯对复合材料的总容量是有贡献的。在 0.5 V 处的宽峰比较复杂,是多个相近的锂

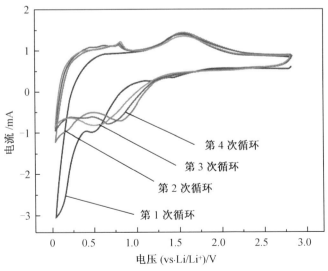

图 4.23　GN/ZnO 复合材料的循环伏安曲线
(扫描速率为 0.5 mV/s)

化反应共同作用的结果,有 ZnO 还原成 Zn(式(4.4)),Li 与 Zn 的合金化反应及材料表面固体电解质膜的生成。在 0.7 V 和 1.4 V 是生成 Li-Zn 合金化的多步反应(式(4.5)、式(4.6)、式(4.7)),在第 2 次循环,还原峰由 0.5 V 变为 0.75 V,与第 1 次循环的此处的氧化峰相对应。从第 3 次循环往后,还原峰与氧化峰基本一致,对应于 Li-Zn 合金的可逆锂化反应过程(式(4.8))。

$$C+x Li^++e^- \longrightarrow Li_x C \tag{4.3}$$

$$ZnO+2Li \longrightarrow Zn+LiZn+Li_2O \tag{4.4}$$

$$2Li+3Zn \longrightarrow Li_2Zn_3 \tag{4.5}$$

$$Li+2Zn \longrightarrow LiZn_2 \tag{4.6}$$

$$2Li+5Zn \longrightarrow Li_2Zn_5 \tag{4.7}$$

$$Li_xZn_y \longrightarrow x Li+y Zn \tag{4.8}$$

图 4.24 所示为 GN、ZnO 和 GN/ZnO 的循环性能曲线,复合材料 30 次循环后,容量保持率为 60.1%(见表 4.5)。

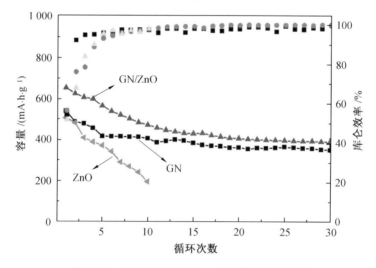

图 4.24　GN、GN/ZnO 和 ZnO 的循环性能曲线

表 4.5　石墨烯、ZnO 及 GN/ZnO 复合材料的容量保持率

电极材料	第 1 次循环充电容量 /(mA·h·g⁻¹)	第 30 次循环充电容量 /(mA·h·g⁻¹)	容量保持率 /%
GN	538.1	374.0	69.5
ZnO	505.2	195.4(第 10 次循环)	38.7
GN/ZnO	650.8	391.1	60.1

而 ZnO 单独作为负极材料容量衰减很快,10 次循环后充电容量已降到 200 mA·h/g 以下,容量保持率仅为38.7%。主要因为 ZnO 在放电时锂化反应产生的体积膨胀,而充电时体积又变小,多次充放电使电极材料结构反复膨胀和收缩,不能保持原有的形状,结构塌陷,颗粒与颗粒间、颗粒与集流体间失去电接触,从而导致导电网络中断,材料不再具有电化学活性。可见, ZnO 在发生锂化反应时,由于结构变化不能保证导电网络的完整而直接影响它的电化学性能。而 ZnO 与石墨烯复合后,因 ZnO 颗粒铆钉在石墨烯上,发生锂化反应造成的体积膨胀被柔韧的石墨烯所抑制,同时石墨烯片层也可充当导电网络加强材料的导电性。也就是说,ZnO 与石墨烯复合材料"0D-2D"空间结构影响它的电化学性能。图 4.24 说明了在相同电流密度下,具有"0D-2D"点-面结合的立体结构复合材料循环性能比单独材料石墨烯和 ZnO 都要优越,证明复合材料的结构增强了它的循环性能,尤其是对 ZnO 容量衰减问题有很好的抑制作用。

4.4　石墨烯与 GN/ZnO 的储锂机制

基于以上的分析和讨论,石墨烯作为导电网络增强 ZnO 的导电性,作为支撑网络抑制 ZnO 合金化反应过程中的体积膨胀,同时又可以提供储锂容量,其"0D-2D"空间结构如图 4.25 所示,图中显示的为 ZnO 颗粒铆钉在石墨烯表面,形成点面结合的"0D-2D"紧密的复合结构,由于 ZnO 占据了石墨烯表面缺陷或其他活性位置,当发生锂化反应时,材料表面存在两种嵌锂机制,一种是对于石墨烯,锂离子嵌入层间的嵌入式储锂机制,Li 与 C 形成层间化合物;另外一种是 Li 与 ZnO 发生电化学反应生成 Li_2O、Zn 和 LiZn,之后才是 Li 与 Zn 的合金化反应。储锂的电化学反应存在竞争,虽然两种都属于可逆反应,但与 Li 进行合金化锂化反应的 Zn,会有生成 Zn 纳米晶的趋向,故在石墨烯表面,可逆的锂化反应有多种形式,并受到 Zn 纳米晶生成速度、锂离子的扩散速率的影响。锂化反应发生在电池内部不容易观察,内阻的大小会影响锂离子的扩散速率,但可以根据电极材料的交流阻抗谱图,模拟电路计算电池的内阻。

与 ZnO 的储锂机制相比,石墨烯在储锂时情况比较复杂,有多种可能性发生,所以选择对比分析 GN 与 GN/ZnO 的交流阻抗谱图。电化学阻抗测试用正弦波电信号作为扰动信号测量传输函数的方法,现在通常作为研究锂离子电池中锂离子嵌入、脱出机制的一种手段。Li^+ 在电极中的嵌入和脱出过程,可以模拟成由几个阶段组成的物理模型,模型包括 Li^+ 在电解液中的迁移阶段、Li⁺穿过电极表面钝化膜的阶段、电极材料界面上的电荷转移阶段以及 Li⁺ 在电极内部固相的扩散阶段。根据这个物理模型将 Li⁺ 嵌入过程转化成模拟电路,利用电化学交流阻抗的测试数据,解析石墨烯及复合材料的阻抗图,就可获得这两个电极材料的电极过程参数。

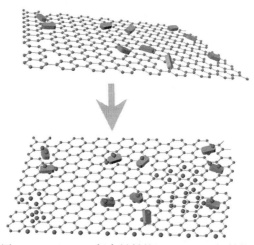

图 4.25　GN/ZnO 复合材料的"0D-2D"空间结构

奈奎斯特曲线(Nyquist)曲线由一个中高频区的半圆和一个低频区的斜线组成,如图 4.26 所示。拟合过程中选择的等效电路如图 4.26(b)所示,图 4.26(a)为实验测试情况,其中,R_e 为溶液欧姆电阻;R_s 和 Q_s 分别为 Li⁺ 通过覆盖在电极表面钝化层的阻抗和容抗;Q_c 为双电层电容相关的恒相位角元件;R_c 为电极反应的电荷传递电阻;R_w 为 Li⁺ 的有限固相扩散 Warbug 阻抗。在阻抗图中,高频区电化学控制步骤是电荷传递,而低频区电化学控制步骤则是 Li⁺ 在固相内部的扩散。理论上,Warburg 阻抗是一条与实轴成 45°角的倾斜直线,但在实际测量过程中,由于材料的颗粒较小或施加的测试频率较低,不满足半无限扩散的边界条件,半无限扩散转化为有限长度扩散,因此阻抗谱中代表 Warburg 阻抗的直线通常会偏离 45°。

利用图 4.26 中的等效电路对电极材料的 Nyquist 曲线进行拟合,如图 4.27 所示,拟合结果与实测结果基本吻合,误差较小,拟合数据见表 4.6,证明所选择的等效电路是可行的。由等效电路计算锂化反应时的电荷传递电阻 R_c,在一定程度上反映 Li⁺ 在电极中的嵌入/脱出能力,R_c 值越小,表明电极材料的脱嵌锂动力学性能越好。计算石墨烯和复合材料的电荷传递电阻,分别为 417.2 Ω 和 381.0 Ω,复合材料电荷传递电阻减小了,由此可知将石墨烯与 ZnO 复合后,由于电荷传递电阻的减少使复合材料更有利于脱嵌锂离子的电化学反应,从而提高材料的可逆容量、库仑效率及循环性能。

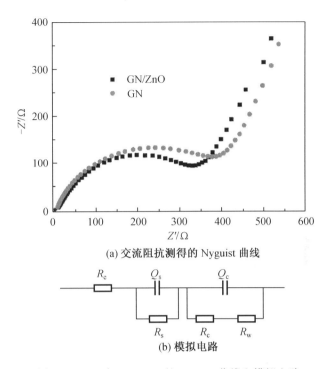

(a) 交流阻抗测得的 Nyguist 曲线

(b) 模拟电路

图 4.26　GN 与 GN/ZnO 的 Nyquist 曲线和模拟电路

　　通过优化的化学氧化还原法,以天然石墨为原料制备石墨烯,表征并分析其结构、组成和形貌,石墨烯具备石墨负极材料的特征,作为特殊的二维结构又突破了石墨理论容量限制(372 mA·h/g),为更好地应用天然石墨及开发新型锂离子电池材料提供新的机遇和挑战,为克服其不可逆容量大、首次库仑效率低等缺点,将其与过渡金属氧化物 ZnO 复合,复合材料具有石墨烯导电性好,片层结构有柔韧性等优点,又克服了 ZnO 容量衰减严重、循环性能差等缺点;并深入讨论了石墨烯的储锂机制和 GN/ZnO 复合材料"0D-2D"立体结构协同效应对提高电化学性能的影响,具体内容如下。

　　(1)通过改进的化学氧化还原法制备石墨烯,并通过 XRD、拉曼光谱、XPS、AFM、SEM、TEM 多种测试手段表征了石墨烯,石墨烯片层起伏不平,有褶皱、重叠及微孔洞出现,HRTEM 和 AFM 确定制备石墨烯片是多层的。石墨烯的恒流充放电曲线显示,其首次可逆容量突破了石墨的理论容量界限,是天然石墨的 2.3 倍,首次库仑效率为 41.2%,经 30 次循环后容量保持率为 69.5%。

　　(2)分析了石墨烯的储锂机制,由于储锂位置的多样性使可逆容量高出理论容量,可逆储锂位置有碳层的端面位、基面位、缺陷和空缺位及片层交叠位。不可逆容量损失的原因有大表面形成 SEI 膜耗锂、片层的堆垛和片层的无序性。

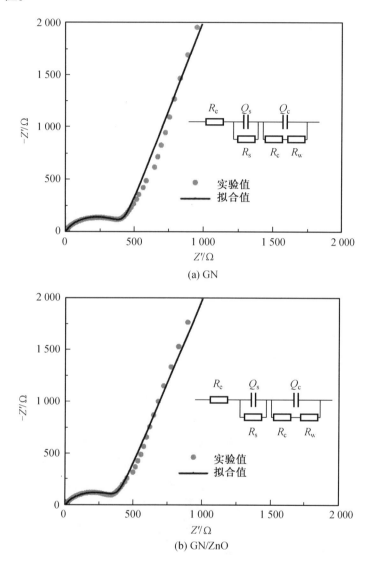

(a) GN

(b) GN/ZnO

图 4.27　GN 和 GN/ZnO 复合材料的 Nyquist 曲线

表 4.6　石墨烯及 GN/ZnO 复合材料的交流阻抗参数

参数	R_e/Ω	R_c/Ω	$R_w/(\Omega \cdot cm^2 \cdot s^{-0.5})$
GN	5.4	417.2	354.3
GN/ZnO	4.8	381.0	231.1

（3）通过液相法制备了"0D–2D"的 ZnO 与石墨烯复合材料,XRD 表明样品无杂质,SEM、TEM 表征显示 ZnO 颗粒以点–面结合方式嵌入石墨烯片层,质量比为 1∶1 时 ZnO 颗粒分布较均匀。

（4）以不同质量比复合材料的恒流充放电容量为衡量指标,确定石墨烯与 ZnO 最佳复合比例为 1∶1,充放电曲线显示其充放电容量最高,并且 GN/ZnO 循环性能曲线显示,石墨烯有效改善了 ZnO 容量衰减的缺陷,原因是石墨烯作为导电网络保证了 ZnO 在充放电过程中的有效电接触,而且由于石墨烯柔韧性,使嵌入的 ZnO 能保持原来的结构,不会因嵌/脱锂导致体积变化而粉化。另外,GN/ZnO 复合材料稳定的"0D–2D"立体结构减小了电荷传递电阻,增强了电化学性能。

第5章 石墨烯与 Mn_xO_y 复合材料制备及电化学性能

5.1 概　述

为解决各种便携式电子设备及新兴电动或混合动力汽车对锂离子电池的需求,研究人员一直致力于开发容量高、循环性能稳定、绿色环保并能大规模实际生产的负极材料。改性天然石墨只能提高其循环稳定性,不能提高容量,只有将天然石墨剥离成二维的石墨烯,才能从根本上解决石墨容量低的难题。石墨烯是构成石墨的基本单元,所以发生电化学反应时的储锂机制具有相似性,将石墨烯与 ZnO 复合形成点面充分接触的"0D-2D"结构能发挥两者的协同作用,使 GN/ZnO 复合材料的电化学性能显著提高。这种协同作用包括:一是石墨烯作为导电网络,增加了过渡金属氧化物的导电性;二是过渡金属氧化物均匀镶嵌在石墨烯片层结构,被抑制充放电时的体积膨胀;三是过渡金属氧化物同时支撑石墨烯片不易产生堆垛;四是过渡金属氧化物占据石墨烯缺陷位置,减少活性位点,以便形成稳定的 SEI 膜,减少锂化反应电阻;五是不同储锂机制相互促进,增大锂离子扩散系数,最终复合材料电化学性能得到提高。

从过渡金属氧化物储锂机制来看,ZnO 属于合金式储锂机制,石墨烯与之复合能提高它的电化学性能,对于另一类转换式储锂机制,石墨烯是否有同样的协同作用,提高它的电化学性能呢? 本章将分析石墨烯与具有转换机制的 Mn_xO_y 复合后,复合材料结构和电化学性能的变化。

锰元素有多种价态,其氧化物有储量丰富、环境友好、安全等优点,在电化学储能领域有巨大的应用潜力。Mn_3O_4 和 MnO_2 被广泛用于超级电容器和锂离子电池。作为电极材料也同 ZnO 一样具有过渡金属氧化物的共性缺点,导电性很差、充放电时体积变化而导致容量衰减严重,有必要将它与石墨烯复合,改善导电性、缓解材料体积膨胀,以提高其电化学性能。

本章中锰氧化合物(Mn_xO_y)及其与石墨烯的复合材料采用液相法合成，在室温下利用石墨烯片层上的缺陷或含氧官能团，作为成核的活性位点，合成目标产物，讨论生成的复合材料性能与结构的关系。石墨烯与 Mn_3O_4 的复合材料(Mn_3O_4–NS/GNS)呈现稳定的"2D–2D"结构，纳米 Mn_3O_4 片与石墨烯片层的面面接触，增强了电子传递和 Li^+ 的扩散，使复合材料比未复合的 Mn_3O_4 具有优良的电化学性能。并制备了以点面结合成"0D–2D"结构的 GNS/MnO_2 复合材料与之对比，分析石墨烯与过渡金属氧化物不同结构对性能的影响。

锰氧化合物中 Mn_3O_4 是研究人员广泛关注的储能材料，作为锂离子负极材料的理论容量为 937 $mA \cdot h/g$，是石墨的 2.5 倍，但是它本身是过渡金属氧化物，存在导电性差、充放电时体积膨胀而导致循环性能差等缺点。为了克服这些缺点，将其制备成纳米结构如纳米纤维、纳米棒，减小锂离子的扩散距离，将它与导电性好的碳材料复合是较好的解决途径，石墨烯由于优良的导电性和较好的机械柔韧性备受青睐。

在这些多样的石墨烯与 Mn_3O_4 复合的纳米结构中，根据 Mn_3O_4 和石墨烯结合方式不同分为不同的结构。Mn_3O_4 纳米颗粒与石墨烯复合，构成点面结合的"0D–2D"结构，Mn_3O_4 纳米棒与石墨烯复合，构成线面结合的"1D–2D"结构，Mn_3O_4 纳米片与石墨烯复合，将构成面面结合的"2D–2D"结构，本节针对所制备的 Mn_3O_4 纳米片与石墨烯片复合的复合材料进行讨论。

5.2　Mn_3O_4–NS/GNS 复合材料制备与表征

5.2.1　Mn_3O_4–NS/GNS 复合材料的制备

Mn_3O_4–NS/GNS 复合材料的制备仍然采用简易的液相法，如图 5.1 所示，具体步骤是将 2 mmol 醋酸锰溶解到 50 mL 去离子水中，在磁力搅拌的条件下，将 100 mL、0.1 mol/L 的氢氧化钠溶液，逐滴加入到醋酸锰溶液，并控制在 2 h 内完成反应，得到的棕色沉淀洗涤至中性，干燥 12 h 后，300 ℃下热处理 2 h，得到 Mn_3O_4 样品。以同样的实验方法，将去离子水溶液用氧化石墨烯溶液(10 mg/mL)代替，可制备得到 Mn_3O_4–NS/GNS 复合材料。

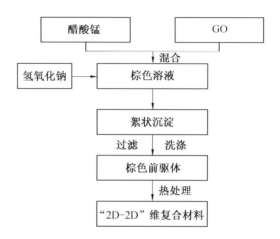

图 5.1　Mn_3O_4-NS/GNS 复合材料的制备流程图

5.2.2　Mn_3O_4-NS/GNS 的结构及热重分析

Mn_3O_4 和 Mn_3O_4-NS/GNS 复合材料的 XRD 谱图如图 5.2 所示,Mn_3O_4 对应的衍射峰均与标准卡片(PDF#80-0382)、空间群 $I4_1/amd$ 四方相的 Mn_3O_4 一致,没有其他峰,说明所制备试样是纯净物没有杂质,而 Mn_3O_4-NS/GNS 复合材料除了有 Mn_3O_4 的衍射峰外,在 24° 左右有一个宽峰,对应于石墨烯的(002)晶面,Mn_3O_4 衍射峰尖锐、强度大,说明产品的结晶度较好。

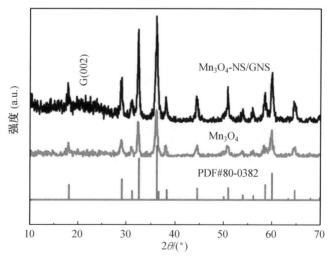

图 5.2　Mn_3O_4 和 GN/Mn_3O_4 复合材料的 XRD 谱图

另外,对反应过程的中间产物 MnOOH 也做了 XRD 分析,其 XRD 谱图如图 5.3 所示,样品的衍射峰与标准卡片比对一致,证明中间产物为 MnOOH。

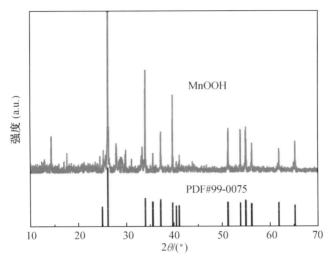

图 5.3　中间产物 MnOOH 的 XRD 谱图

为确定复合材料的组成及石墨烯所占的质量比,对 Mn_3O_4 和 Mn_3O_4 - NS/GNS 复合材料进行拉曼测试和热重分析,如图 5.4、图 5.5 所示。图 5.4 对比了复合之前氧化石墨烯(GO)和复合后产物拉曼谱图的特征,均出现显著的 D 峰和 G 峰,但复合材料在 645 cm⁻¹ 处出现了代表 Mn_3O_4 的峰,证明复

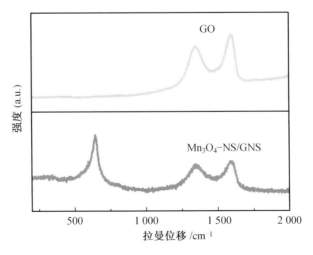

图 5.4　GO 和 Mn_3O_4-NS/GNS 复合材料的拉曼谱图

合材料中 Mn_3O_4 的出现。在 1 594 cm^{-1} 处是 G 峰对应有序的碳 sp^2 杂化，D 峰在 1 342 cm^{-1} 对应于碳层边缘或无定形碳，复合材料的两峰强度比 $I_D/I_C = 0.88$，大于氧化石墨烯的两峰强度比 $I_D/I_C = 0.85$，说明复合材料中无序碳的增加及含有少量的含氧官能团，含氧官能团的存在能增加石墨烯的层间距，能保证制备复合材料"2D-2D"结构的稳定性。

图 5.5 所示为"2D-2D"Mn_3O_4-NS/GNS 复合材料的失重曲线，从图中可得出复合材料的失重率为 26.2%，计算出复合材料中 Mn_3O_4 所占比例为 70.2%。

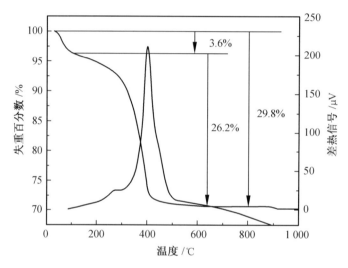

图 5.5 "2D-2D"Mn_3O_4-NS/GNS 复合材料的失重曲线

5.2.3 Mn_3O_4-NS/GNS 的形貌表征

为讨论所制备负极材料结构与性能的关系，图 5.6 和图 5.7 所示分别为 Mn_3O_4 和 Mn_3O_4-NS/GNS 复合材料的 TEM 照片。如图 5.6(a) 和图 5.6(b) 展示了低倍和高倍 Mn_3O_4 的照片，可清晰分辨出 Mn_3O_4 的纳米结构，呈现类似云母片结构，具有形状不规则的边缘，厚度为 10 ~ 20 nm，直径为 30 ~ 60 nm(图 5.8)。图 5.6(d) 显示云母片状 Mn_3O_4 的 EDS 谱，只有 Mn 和 O 两种元素。片状结构会使较大的表面积与电解液充分接触，相比于颗粒和棒状结构更有利于电极材料的电化学性能提高。图 5.6(c) 是 Mn_3O_4 的高分辨照片，图中标记的晶面间距为 0.276 nm 和 0.248 nm 分别对应于 Mn_3O_4 的(103) 和(211) 晶面。

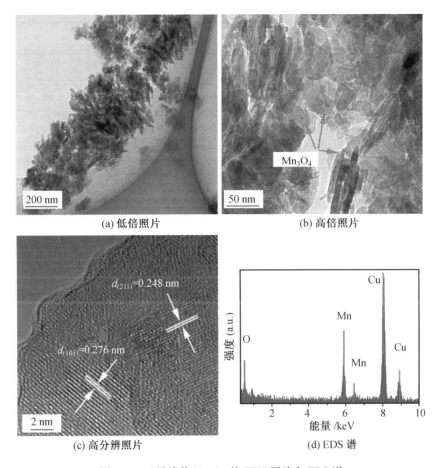

(a) 低倍照片　　　　　　　　　　(b) 高倍照片

(c) 高分辨照片　　　　　　　　　(d) EDS 谱

图 5.6　云母片状 Mn_3O_4 的 TEM 照片和 EDS 谱

图 5.7 所示为 Mn_3O_4-NS/GNS 复合材料的 TEM 照片和 EDS 谱图,图 5.7(a)是低倍照片,结合图 5.7(b)的高倍照片,可知 Mn_3O_4-NS/GNS 复合材料是 Mn_3O_4 纳米片负载在石墨烯片层的面面结合的"2D-2D"空间结构,复合材料中 Mn_3O_4 纳米片与图 5.7(b)的结构一致,因为两种材料 Mn_3O_4 的制备方法相同,石墨烯也只起到了支撑骨架的作用,而且 Mn_3O_4 呈现叠加的现象。图 5.7(c)的高分辨显示 Mn_3O_4 纳米片紧密嵌在石墨烯片上,它们之间的紧密结合有利于 Li^+ 的传递和电子的传输,较好地缓解了在充放电时 Mn_3O_4 的体积变化,所以"2D-2D"结构在电化学性能上必优于点面结合的"0D-2D"结构。图 5.7(d)是 Mn_3O_4-NS/GNS 复合材料的 EDS 谱,显示复合材料中只有 Mn、O 和 C 三种元素。

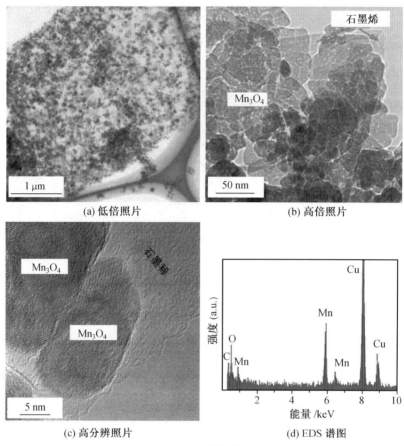

(a) 低倍照片

(b) 高倍照片

(c) 高分辨照片

(d) EDS 谱图

图 5.7 Mn₃O₄–NS/GNS 复合材料的 TEM 照片和 EDS 谱图

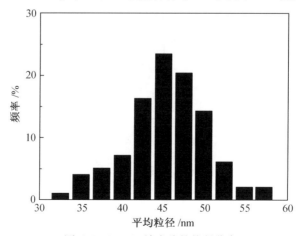

图 5.8 Mn₃O₄ 纳米片的粒径分布

为进一步理解 Mn_3O_4 纳米片在石墨烯片上的结合情况,采用原子力显微镜对复合材料进行检测,图 5.9 展示了 Mn_3O_4-NS/GNS 复合材料的原子力显微镜照片,从图中 Mn_3O_4 在石墨烯的三维照片看出,并没有呈现较平的片状,而且测量的厚度也比图 5.6 中 Mn_3O_4 云母片要厚,得出镶嵌在石墨烯片上的 Mn_3O_4 片是多层堆叠的结论。面面结合的"2D-2D"结构中,石墨烯与 Mn_3O_4 接触面积大,更能增加氧化物的导电性,利于电子的传输,Mn_3O_4-NS/GNS 是非常优良的负极材料。

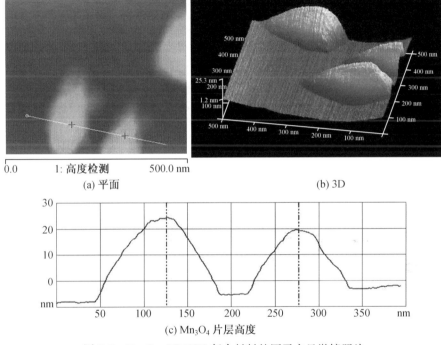

(a) 平面　　　　　　　　　　　　　(b) 3D

(c) Mn_3O_4 片层高度

图 5.9　Mn_3O_4-NS/GNS 复合材料的原子力显微镜照片

5.2.4　Mn_3O_4-NS/GNS 的 XPS 分析

虽然从 TEM 和原子力显微镜照片中,可以得出 Mn_3O_4-NS/GNS 复合材料的基本结构和石墨烯与 Mn_3O_4 的结合状态,对试样进行 XPS 表征,能知道复合材料中各元素的结合态,如图 5.10 所示是复合材料的 XPS 全谱 CO、Mn2p 及 Mn_3O_4 复合前后的 C1s 谱。从图 5.10(d)可知,在 0~1 000 eV 结合能的范围内,复合材料只有 Mn、O、C 三种元素,与图 5.8(d)中 EDS 谱结果一致。图 5.10(a)和图 5.10(b)都有碳的三种结合态,分别是 sp^2 杂化的碳碳双键、碳氧单键和碳氧双键,分别对应于 284.6 eV、286.3 eV 和 288.2 eV 的结合峰,图 5.10(a)中的氧化石墨烯含氧官能团结合态对应的峰强度大,这些位置带负电,都会与 Mn_3O_4 复合时成为成核的活性位点吸引

Mn^{2+}(图5.10)。而图5.10(b)与图5.10(a)图情况相反,碳碳双键对应的结合峰最强,含氧官能团的结合峰很弱,说明复合后石墨烯上的含氧官能团只存在少量,原有的活性位置被 Mn_3O_4 纳米片占据,形成面面结合的复合结构。图5.10(c)是Mn2p谱,两个结合态 $Mn2p_{3/2}$ 和 $Mn2p_{1/2}$,对应的结合峰为641.7 eV和653.3 eV,两个峰有11.6 eV的分裂能差异,这证实了复合材料中 Mn_3O_4 的存在。

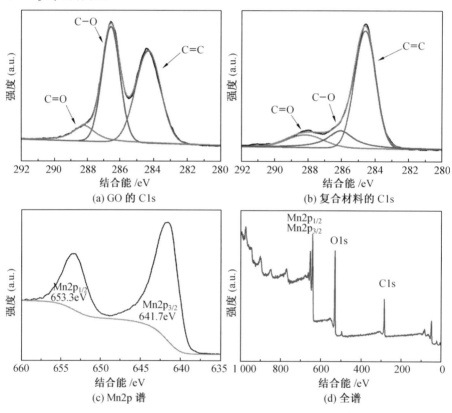

(a) GO 的 C1s   (b) 复合材料的 C1s

(c) Mn2p 谱   (d) 全谱

图5.10 Mn_3O_4-NS/GNS 复合材料的 XPS 谱图及 CO、Mn2P 与 Mn_3O_4 复合前后的 C1s 谱

　　另外,可以通过 Mn_3O_4-NS/GNS 复合材料中 Mn 和 O 元素的原子比率,推测此材料中 Mn 的结合状态。见表5.1中的 Mn 与 O 的原子比率为0.43,小于 Mn_3O_4 中的 Mn 与 O 的原子比率为0.75,说明复合材料中氧过量,大于 Mn_3O_4 中 Mn 与 O 的原子比率,也就是说 O 不仅与 Mn 结合成锰氧化合物,还能与碳结合形成各种含氧官能团,与 EDS 能谱的结果一致。

表5.1 Mn_3O_4-NS/GNS 复合材料中各元素的原子比率

元素	C	Mn	O
原子比率/%	41.81	17.57	40.62

结合以上结构和形貌表征,可得出 Mn$_3$O$_4$-NS/GNS 复合材料的生成过程和合成机理,如图 5.11 所示。Mn^{2+} 在碱性环境下,以自组装的形式沉积在氧化石墨烯表面,再与 GO 同时被水合肼还原,热处理后得到目标产品。并用此方法制备了不复合石墨烯的 Mn$_3$O$_4$ 纳米片,与 Mn$_3$O$_4$-NS/GNS 复合材料进行对比分析。如图 5.11 所示,Mn(OH)$_2$ 沉积在氧化石墨烯表面活性位置上,在含氧官能团及-OH 的作用下,生长成片状负载在氧化石墨烯上,在强碱和空气条件下,Mn(OH)$_2$ 被氧化成 MnOOH,最后经水合肼还原得到 Mn$_3$O$_4$,同时氧化石墨烯还原成石墨烯。合成过程所发生的化学反应如下:

$$Mn^{2+}+2OH^- \longrightarrow Mn(OH)_2 \tag{5.1}$$

$$4Mn(OH)_2+O_2 \longrightarrow 4MnOOH+2H_2O \tag{5.2}$$

$$12MnOOH+N_2H_4 \longrightarrow 4Mn_3O_4+8H_2O+N_2 \tag{5.3}$$

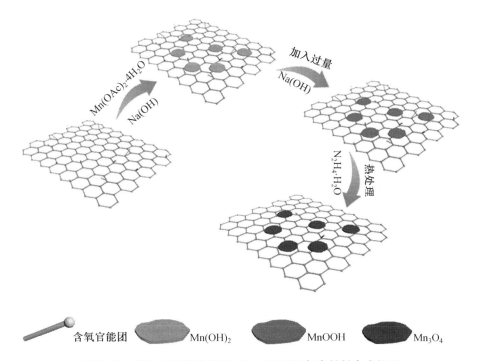

图 5.11   "2D-2D"结构的 Mn$_3$O$_4$-NS/GNS 复合材料合成机理

综上所述,制备云母片状的 Mn$_3$O$_4$ 与石墨烯复合后,形成面面结合的"2D-2D"空间结构,Mn$_3$O$_4$ 分散的镶嵌在石墨烯片上,并与石墨烯片紧密结合共同作为电极材料,石墨烯作为导电网络和支撑骨架,增强 Mn$_3$O$_4$ 的导电性,使其与电解液充分接触,增强 Li$^+$ 的传递和电子的传输,同时缓解其体积变化,降低充放电时因膨胀而产生的应力,起到稳定 Mn$_3$O$_4$ 结构的作用。而Mn$_3$O$_4$ 占据了石墨烯的活性位点,防止石墨烯因片层间距减小而堆垛起来,又减少碳层与电解液的接触,减少因形成 SEI 膜而产生的不可逆容量,进而提高复合材料的电化学性能。

5.3 GN/MnO$_2$ 复合材料制备及表征

第 4 章已分析过"0D-2D"复合材料(GN/ZnO)结构对性能影响,但锰氧化合物与 ZnO 存在储锂机制的本质区别,不能直接简单的对比,故制备了"0D-2D"结构的 GN/MnO$_2$ 与 Mn$_3$O$_4$-NS/GNS 进行分析。

5.3.1 GN/MnO$_2$ 复合材料的制备

采用简易液相法制备 GN/MnO$_2$ 复合负极材料,合成工艺如图 5.12 所示,具体步骤是将 0.5 g 氧化石墨烯放入烧杯中,加入 200 mL 去离子水,超声 1 h 得到棕黄色的均匀分散的氧化石墨烯胶体溶液。将获得的溶液移至 500 mL 圆底烧瓶中,在水浴温度 98 ℃下,加入还原剂水合肼,还原反应进行 60 min,最后得到黑色悬浮溶液,然后经过滤、多次洗涤到中性、干燥得到石墨烯黑色粉末样品。将制得的石墨烯分散在去离子水中,加入 20 mL 的 0.01 mol/L 的醋酸锰,搅拌均匀后缓慢滴加高锰酸钾,控制高锰酸钾与醋酸锰的物质的量比为 2:3,滴完后反应完成,分别用去离子水和无水乙醇洗涤、过滤、烘干即获得 GN/MnO$_2$ 复合材料。反应方程式为

$$2MnO_4^- + 3Mn^{2+} + 2H_2O \stackrel{}{=\!=\!=} 5MnO_2 + 4H^+ \tag{5.4}$$

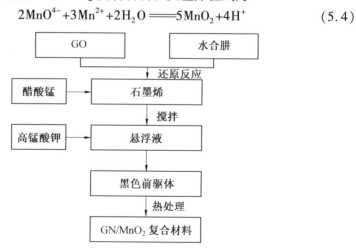

图 5.12　GN/MnO$_2$ 复合材料的制备过程

复合材料的形成机理如图 5.13 所示,高价锰和低价锰发生氧化还原反应,自组装沉积在具有活性位点的石墨烯表面,样品为黑色粉末。没有选择氧化石墨烯(GO)作为基体,是因为 GO 溶于水,且氧化反应速率较快,不易

控制复合材料的生成结构。石墨烯疏水,不易溶于水,在水中非常难分散,生成 MnO_2 的反应不太剧烈,可以控制复合材料的生成速度。为得到氧化物在石墨烯片上分散较好的复合材料,故采用 GO 先还原再负载氧化物的制备过程。并在没有石墨烯的参与下,制备了 MnO_2 以便于电化学性能的对比分析。

图 5.13　GN/MnO_2 复合材料的形成机理图

5.3.2　GN/MnO_2 的 XRD 表征

图 5.14 为 MnO_2 和 GN/MnO_2 复合材料的 XRD 谱图,图中 MnO_2 衍射特征峰与 JCPDS 卡片中的 PDF#44-0141 一致,没有观察到其他杂质的衍射峰,衍射角在 $12.84°$、$18.28°$、$28.84°$、$37.66°$、$41.88°$、$49.78°$、$56.18°$、$60.34°$、$65.72°$ 和 $69.34°$ 的峰分别对应于 (110)、(200)、(210)、(211)、(301)、(411)、(600)、(521)、(002) 和 (541) 晶面。

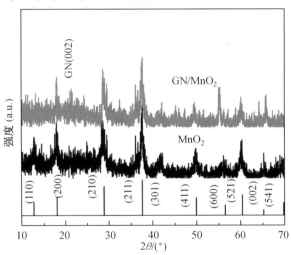

图 5.14　MnO_2 和 GN/MnO_2 复合材料的 XRD 谱图

GN/MnO_2 复合材料的衍射峰中,与 MnO_2 有显著区别的是在衍射角 $24°$ 左右有一个宽峰,对应于石墨烯 (002) 晶面并向左偏移,由于与 MnO_2 复合使片层间距增大,而且与 MnO_2 衍射峰在 $18°\sim27°$ 范围内发生重叠,是因为石墨烯在复合材料中的所占比例较小,被负载在上面的 MnO_2 影响导致的。

5.3.3　GN/MnO₂ 的 SEM 表征

图 5.15 是 MnO_2 和 GN/MnO_2 复合材料不同倍率的 SEM 照片。从 SEM 低倍照片中(图 5.15(a))可以观察到 MnO_2 样品是致密的块体,但表面分散了少量类球形颗粒、从图 5.15(b)高倍照片可辨别出 MnO_2 块体并不是一个整体块状,而是由颗粒拥挤团聚而成,可能在液相中由于氧化还原反应,反应速度较快,生成的颗粒还没有来得及分散就团聚在一起,显然这种块体一旦受到应力的作用,如电化学反应时材料的体积变化,保持不了原有的形貌而粉化。

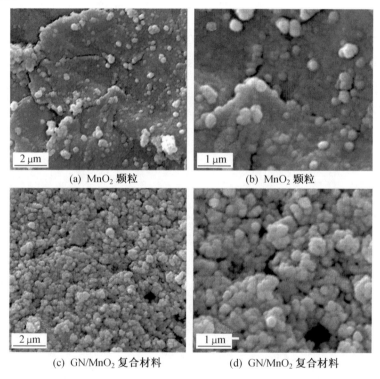

(a) MnO_2 颗粒　　　　　　　(b) MnO_2 颗粒

(c) GN/MnO_2 复合材料　　　(d) GN/MnO_2 复合材料

图 5.15　MnO_2 和 GN/MnO_2 复合材料不同倍率的 SEM 照片

而 GN/MnO_2 复合材料照片中(图 5.15(c)),可以观察到 MnO_2 颗粒类球形轮廓清晰,虽然紧密堆积,但没有拥挤成整个块体,还看到由于堆积的不规则,形成了一些孔洞结构(图 5.15(d)),这不但增大了材料的表面积,还为锂离子提供了运输通道,应该是生成 MnO_2 颗粒时受到石墨烯基底片层的抑制作用,没有继续长大成块,这种相对于块体结构松散,能使材料充放电时体积膨胀得到缓解,复合材料的这种结构有利于电化学性能的提高。

　　图 5.16 是 GN/MnO$_2$ 复合材料的 TEM 照片及 EDS 谱,图 5.16(a)可清晰观察到直径约 20 nm 的 MnO$_2$ 颗粒均匀的铆钉在石墨烯片上,MnO$_2$ 颗粒分散均匀,这种结构与 GN/ZnO 复合材料点面结合的"0D–2D"结构相同。石墨烯作为导电网络和 MnO$_2$ 的支撑骨架,会促进电子的传输和锂离子的传递。在充放电过程中,MnO$_2$ 颗粒因为发生与锂置换的锂化反应而体积膨胀,这种膨胀的应力更易使紧密堆积的 MnO$_2$ 颗粒粉化,而复合材料中的石墨烯有很好的柔韧性,可缓解一定的膨胀应力,这必然会提高材料的电化学性能。图 5.16(b)显示石墨烯片与 MnO$_2$ 颗粒紧密结合在一起,石墨烯还有褶皱和交叠的现象。图 5.16(c)是 MnO$_2$ 的高分辨照片,标记为(211)、(310)和(200)晶面,对应的晶格间距分别为 0.239 4 nm、0.310 2 nm 和 0.489 5 nm。

(a) GN/MnO$_2$ 低倍照片　　　　　　(b) GN/MnO$_2$ 高倍照片

(c) MnO$_2$ 高分辨照片　　　　　　(d) 复合材料的 EDS 谱

图 5.16　GN/MnO$_2$ 复合材料的 TEM 照片及 EDS 谱

5.3.4 GN/MnO₂ 的 XPS 分析

为分析复合前后材料的不同结合状态,可通过 XPS 检测组成元素及其各自不同的结合能峰进行判断,如图 5.17 所示。从图 5.17(a)GN/MnO₂ 复合材料的总 XPS 谱中,观察到来自 Mn、C 和 O 三种元素的结合能峰,与 EDS(图 5.16(d))元素种类分析结果一致。

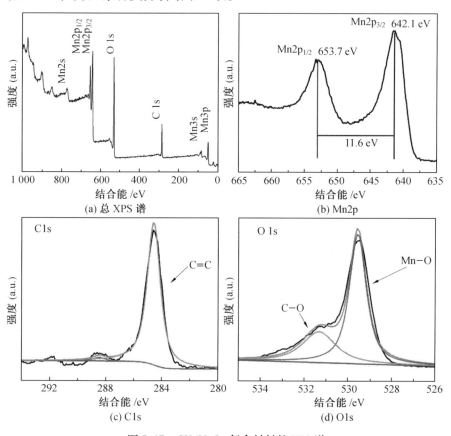

图 5.17　GN/MnO₂ 复合材料的 XPS 谱

图 5.17(b)是 Mn2p 的结合能峰,对应于 Mn2p$_{3/2}$ 和 Mn2p$_{1/2}$ 两个结合能峰,位于 642.1 eV 和 653.7 eV 处,之间有一个 11.6 eV 的分裂能差异,证明复合材料中 MnO₂ 的出现。图 5.6(c)是 C1s 态的结合能峰,位于 284.6 eV 和 288.4 eV 处,对应于 C=C 双键的 sp² 杂化结合能和 C—OOH 键的结合能,含氧官能团的出现说明石墨烯来源于氧化石墨烯还原制备得到。图 5.17(d)是 O1s 态的结合能谱图,说明复合材料中的氧有两种结合态,一个是位于 529.6 eV 处的 MnO₂ 化合物中 Mn—O 结合能峰,另外一个是表面

吸附与碳结合的羟基。根据 XPS 谱测得了 GN/MnO_2 复合材料的表面原子比率(表 5.2),其中 Mn 与 O 的原子比率为 2.23,大于 2,说明此复合材料中有一定的含氧官能团,除了表面吸附的羟基外,还有没有被少量氧化石墨烯还原的羧基等。

表 5.2　GN/MnO_2 复合材料的原子比率

元素	C	Mn	O
原子比率/%	36.19	19.71	44.1

5.4　不同结构复合材料电化学性能及储锂机制的分析

以上实验分别采用相同的制备方法和表征手段,得到不同结构类型的石墨烯/锰氧化物复合材料,下面就结构对性能影响进行分析。

5.4.1　Mn_3O_4–NS/GNS 的电化学性能

考查 Mn_3O_4–NS/GNS 复合材料的电化学性能,将其与没和石墨烯复合的 Mn_3O_4 组装成实验电池,进行恒流充放电,比较两者充放电曲线、循环性能和倍率性能。表 5.3 列出了两种材料在第 1 次、2 次、5 次、10 次的充放电容量及库仑效率。图 5.18 为两者对应的充放电曲线。

表 5.3　Mn_3O_4 和 Mn_3O_4–NS/GNS 复合材料充放电容量数据及库仑效率

材料	放电容量 /(mA·h·g^{-1})	充电容量 /(mA·h·g^{-1})	不可逆容量 /(mA·h·g^{-1})	库仑效率 /%
Mn_3O_4(第 1 次循环)	954.0	531.0	423.0	55.7
Mn_3O_4(第 2 次循环)	613.7	545.8	67.9	88.9
Mn_3O_4(第 5 次循环)	562.6	528.8	33.8	93.9
Mn_3O_4(第 10 次循环)	527.7	508.3	19.4	95.9
Mn_3O_4–NS/GNS(第 1 次循环)	1 890.6	1 003.0	887.6	53.1
Mn_3O_4–NS/GNS(第 2 次循环)	1 087.5	978.2	109.3	89.9
Mn_3O_4–NS/GNS(第 5 次循环)	1 034.5	986.8	47.7	95.4
Mn_3O_4–NS/GNS(第 10 次循环)	1 071.3	1 022.4	48.9	96.4

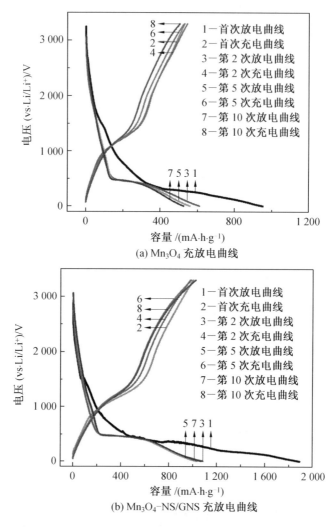

(a) Mn_3O_4 充放电曲线

(b) Mn_3O_4-NS/GNS 充放电曲线

图 5.18　Mn_3O_4 和 Mn_3O_4-NS/GNS 复合材料的充放电曲线

（电流密度为 100 mA/g）

由表 5.3 可知，Mn_3O_4-NS/GNS 复合材料的充电容量明显高于 Mn_3O_4 纳米片，而复合材料中石墨烯也具有储锂功能，可通过它所占有的比例估算复合材料的理论容量，Mn_3O_4 的理论容量为 937 mA · h/g，石墨烯的理论容量为 744 mA · h/g；再利用热重分析法确定两者的质量分数，计算复合材料的理论容量，即

$$Mn_3O_4\text{-NS/GNS 的理论容量} = 26.2\% \times 744 \text{ mA} \cdot \text{h/g} + 70.2\% \times 937 \text{ mA} \cdot \text{h/g} =$$
$$852.7 \text{ mA} \cdot \text{h/g} \qquad (5.5)$$

　　复合材料的可逆容量比计算的理论容量高很多,库仑效率(除首次外)也相应增大,也就是说有其他原因使复合材料电化学性能增强。再对比图 5.19 所示的 Mn_3O_4 和 Mn_3O_4-NS/GNS 循环性能曲线, Mn_3O_4 作为负极材料拥有过渡金属氧化物的性能特点,就是随着循环次数的增加,其容量在持续衰减,原因是充放电过程中材料本身体积总是反复的增大然后减小,使材料部分粉化失去电化学活性。 Mn_3O_4-NS/GNS 却与之相反,其容量在经过 30 次循环后没有衰减,说明复合材料独特的"2D-2D"结构能有效地抑制 Mn_3O_4 的体积变化,减少膨胀和收缩应力对 Mn_3O_4 结构的破坏,使可逆容量得到保持。

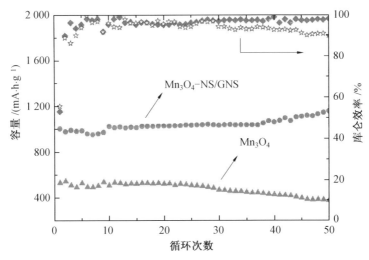

图 5.19　Mn_3O_4 和 Mn_3O_4-NS/GNS 复合材料的循环性能曲线
(电流密度为 100 mA/g)

　　图 5.20 对比了 Mn_3O_4-NS/GNS 和 Mn_3O_4 的倍率性能,对于 Mn_3O_4 材料随着电流密度的变大,容量衰减严重,当电流密度为 1 000 mA/g 时,材料已基本没有容量,失去储锂能力了。而 Mn_3O_4-NS/GNS 复合材料在 1 000 mA/g时,容量仍能保持在 637.4 mA·h/g,并且在电流密度再变小后仍然能恢复到最初的容量。复合材料优异的倍率性能说明与石墨烯复合后, Mn_3O_4 纳米片与石墨烯紧密结合成("2D-2D"结构),增强了电流充放电时体积效应的影响,使其能保持原有的稳定结构,以石墨烯与 Mn_3O_4 同时存在的储锂机制进行工作。

　　为理解 Mn_3O_4-NS/GNS 复合材料在充放电时发生的电化学反应,对它进行了循环伏安的测试,如图 5.21 所示,对新组装的电池进行了 4 次循环的监测,在第 1 次循环中,嵌锂的电化学反应发生在 0~0.5 V,曲线在此区域内都有响应,是较强的还原峰,与材料的充放电曲线中的嵌锂平台相呼应

（图5.18），在1V左右有一定强度的还原峰，是固体电解质膜形成的特征峰，经过第1次循环后，此峰不再出现。在1.34V和2.2V处有两个氧化峰，是金属Mn氧化成Mn^{2+}，再进一步Mn^{2+}氧化成Mn^{3+}的电化学反应。

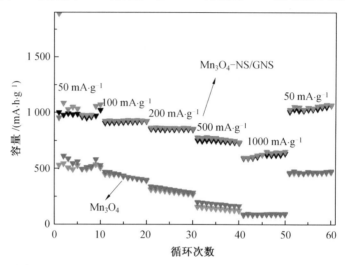

图5.20　Mn_3O_4和Mn_3O_4-NS/GNS复合材料的倍率性能曲线

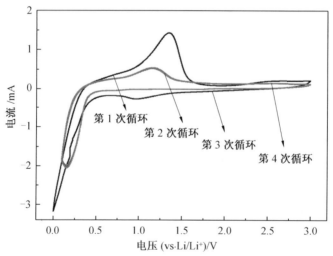

图5.21　Mn_3O_4-NS/GNS复合材料的循环伏安曲线
（扫描速率为0.5 mV/s）

　　以上对Mn_3O_4-NS/GNS实验数值显示，复合材料的可逆容量增加、库仑效率提高、循环性能和倍率性能稳定，应归因于其独特的"2D-2D"结构，Mn_3O_4纳米片与石墨烯的面面结合的结构稳定性产生了良好的协同效应，使复合材料电化学性能增强。

5.4.2　GN/MnO₂ 的电化学性能

通过复合材料 GN/MnO₂ 的各项表征显示,所制备 GN/MnO₂ 的"0D-2D"结构由于石墨烯的加入而增加了导电性,并且 MnO₂ 颗粒铆钉在石墨烯表面上,被抑制了团聚成块,还形成了微孔洞,这些都使复合材料的性能优于未复合的 MnO₂。

图 5.22 分别为 GN/MnO₂ 和 MnO₂ 复合材料的循环性能和倍率性能曲线,如图 5.22(a)所示复合后第 11 次循环后的可逆容量由 186.0 mA·h/g

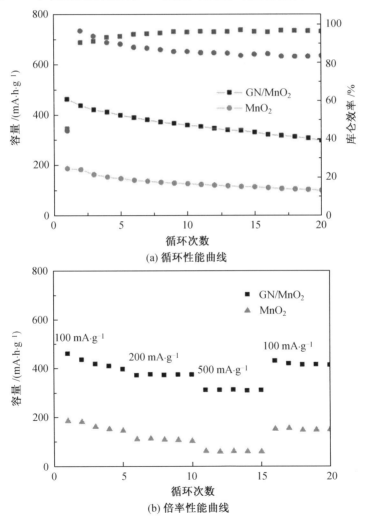

(a) 循环性能曲线

(b) 倍率性能曲线

图 5.22　MnO₂ 和 GN/MnO₂ 复合材料的循环性能曲线和倍率性能曲线

增加到 462.2 mA·h/g，库仑效率随循环次数增加明显提高。可逆容量增加的原因一部分是石墨烯的加入对复合材料总容量的贡献，另一部分是复合材料中 MnO_2 颗粒分散开，表面积增加形成了孔洞结构，增加了储锂空间。再观察两个样品的倍率性能曲线如图 5.22(b) 所示，GN/MnO_2 不同电流密度下可逆容量均比 MnO_2 高，根本原因是在 GN/MnO_2 复合材料中，MnO_2 颗粒被分散，不再团聚形成块体，同时表面积也增加，又有石墨烯的导电性作为辅助，提高了复合材料的电子传递和增加锂离子的储存空间，导致 GN/MnO_2 的电化学性能提高。

为确定复合材料在充放电过程中发生的电化学反应，对 GN/MnO_2 进行了循环伏安曲线的测定，讨论发生锂化反应的具体情况，如图 5.23 所示，第 1 次循环，在 0.2~0.5 V 处有一个宽的还原峰，对应于复合材料放电过程中 Mn^{4+} 被还原及石墨烯的嵌锂反应，反应式为

$$MnO_2 + 4Li^+ + 4e^- \longleftrightarrow Mn + 2Li_2O \qquad (5.6)$$

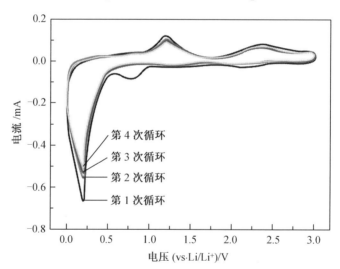

图 5.23 GN/MnO_2 复合材料的循环伏安曲线

(扫描速率为 0.5 mV/s)

在 0.8 V 处的还原峰对应于形成 SEI 膜，因为它只在第 1 次循环出现，在以后的循环消失。在 1.2 V 和 2.4 V 处有两个氧化峰，推测金属 Mn 应该先被氧化成 Mn^{2+}，然后 Mn^{2+} 再被氧化成 Mn^{4+}。之后的几个循环与第 1 次循环形状相似，说明复合材料具有很好的循环稳定性。

另外，还可以通过复合前后材料的交流阻抗图，图 5.24 是两种样品的交流阻抗谱图，可观察到它们都有高频区为圆弧、低频区为一条倾斜的直线的

特征。利用图 4.26(b)中建立的模拟电路计算两者的电荷传递电阻,因为两种材料在发生电化学反应储锂时的物理模型相同,确定其内阻中电荷传递电阻的大小,直接影响了 Li^+ 的传递,电阻越小,越有利于 Li^+ 的传递和电子的传输。用模拟电路计算后,MnO_2 和 GN/MnO_2 复合材料的电荷传递电阻分别为 167.4 Ω 和 283.1 Ω,复合材料的电阻降低了 40.1%,更有利于电荷的传输和 Li^+ 的传递,所以电化学性能提高。

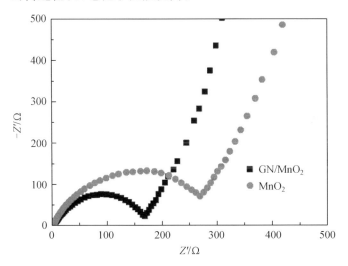

图 5.24　MnO_2 和 GN/MnO_2 复合材料的交流阻抗谱图

　　综上所述,将石墨烯与具有转换式储锂的 MnO_2 复合后,材料是点面结合的"0D–2D"立体结构,并形成了微孔,电荷传递电阻降低,可逆容量增加,是石墨烯与 MnO_2 协同效应共同作用的结果。

5.4.3　"2D–2D"结构复合材料储锂机制的分析

　　为了确定 Mn_3O_4-NS/GNS 复合材料"2D–2D"结构对其电化学性能的影响,要排除与石墨烯复合导致纳米材料表面积增加,对 Mn_3O_4 和 Mn_3O_4-NS/GNS 复合材料进行了氮吸附–脱吸的表面积测试,如图 5.25 所示,图 5.25(a)是 Mn_3O_4 的吸附–脱吸曲线,BET 面积为 40.24 m^2/g,孔径的分布以 10 ~ 100 nm 为主;图 5.25(b)是 Mn_3O_4-NS/GNS 的吸附–脱吸曲线,BET 面积为 46.89 m^2/g,石墨烯进行表面积测试显示 BET 面积为 503.02 m^2/g,说明复合材料的表面积并没有因为与石墨烯复合而显著增加,它储锂容量增加主要是由于"2D–2D"结构影响的。

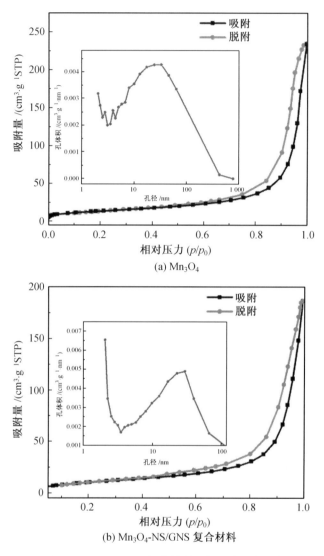

图 5.25　Mn_3O_4 和 Mn_3O_4–NS/GNS 复合材料的氮吸附–脱吸曲线和孔径分布

如图 5.26 所示是 Mn_3O_4–NS/GNS 复合材料的高倍率 TEM 照片,从图 5.26(a)中可观察到 Mn_3O_4 纳米片镶嵌在石墨烯上,并且伴有多层交叠的情况,Mn_3O_4 纳米片与石墨烯以面面紧密结合的形式,构成复合材料的稳定结构。另外,如图中标记所示,Mn_3O_4 纳米片的交叠和搭接,使 Mn_3O_4 片与片之间或 Mn_3O_4 与石墨烯片之间形成了微小的孔,这增加了新的储锂空间。将这些位置放大,如图 5.26(b)和图 5.26(c)所示,清晰观察到微小孔的存在。而且这些微小空间在充放电过程中,可以为 Mn_3O_4 发生电化学反应产生的体积膨胀提供缓冲,适当缓解了膨胀应力对材料结构的影响,防止因材料体积放大缩小产生的破坏,保持了材料原有的结构。因此,Mn_3O_4 纳米片与石墨烯的有效复合形成非常稳定的结构,在增加储锂空间的同时,又缓解了 Mn_3O_4 的体积膨胀的缺陷,保证材料多次嵌锂脱锂的稳定性,所以,Mn_3O_4-NS/GNS 复合材料的循环性能和倍率性能显著提高。

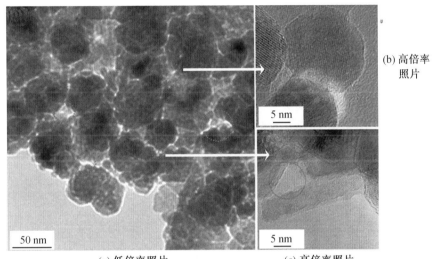

(b) 高倍率照片

(a) 低倍率照片　　　　　　　　(c) 高倍率照片

图 5.26　Mn_3O_4-NS/GNS 复合材料的 TEM 照片

另外,图 5.27 展示了复合材料的储锂情况,石墨烯不但作为导电网络和支撑骨架,本身也提供储锂容量。锂离子在电极材料中的固相扩散往往属于速率控制步骤,是决定电极材料性能好坏的主要因素。因此对锂离子在固相中的扩散过程进行定量的测量,不仅是研究电极动力学性能的重要手段,还可以为电池的设计以及动力学模拟提供参考。电极中的化学扩散系数是表征材料动力学行为的重要参数,所以锂离子在电极材料中的扩散系数的测量,已经成为考查电极材料的重要因素之一。

对 Mn_3O_4-NS/GNS 复合前后的交流阻抗进行测试(图 5.28),并用图 5.28(a)中的模拟电路计算电荷传递电阻,分别为 43.62 Ω 和 34.16 Ω,对应于 Mn_3O_4 和复合材料的电荷传递电阻。各项参数见表 5.4,可知复合材料内部电阻降低有利于 Li^+ 的传递。

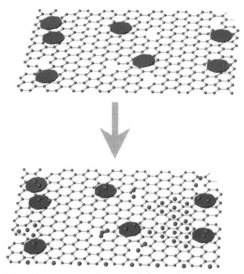

图 5.27   Mn$_3$O$_4$–NS/GNS 复合材料的储锂机制

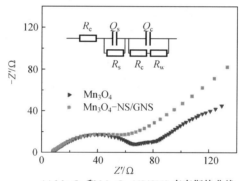

(a) Mn$_3$O$_4$ 和 Mn$_3$O$_4$–NS/GNS 奈奎斯特曲线

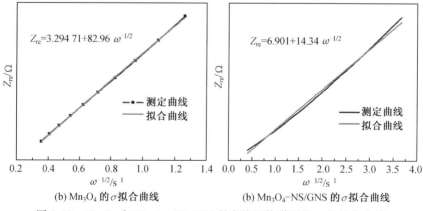

(b) Mn$_3$O$_4$ 的 σ 拟合曲线　　　　　(b) Mn$_3$O$_4$–NS/GNS 的 σ 拟合曲线

图 5.28   Mn$_3$O$_4$ 和 Mn$_3$O$_4$–NS/GNS 的交流阻抗谱图和 σ 的拟合曲线

表 5.4　Mn_3O_4 及 Mn_3O_4-NS/GN 复合材料的交流阻抗参数

参数	R_e/Ω	R_c/Ω	$R_w/(\Omega \cdot cm^2 \cdot s^{-0.5})$
Mn_3O_4	43.62	277.2	294.3
Mn_3O_4-NS/GN	34.16	181.0	131.1

通过对阻抗谱图的分析,确定不同频率下的电极过程控制步骤。利用电化学阻抗法测定电极材料中锂离子的扩散系数主要基于半无限扩散模型,则锂离子扩散系数的计算式为

$$D = \frac{R^2 T^2}{2A^2 n^4 F^4 C^2 \sigma^2} \tag{5.7}$$

式中,R 为气体常数;T 为测试环境的绝对温度(298 K);F 为法拉第常数;A 为电极表面积;n 为每摩尔物质参与电极反应的转移电子数;C 为电极中锂的摩尔浓度(mol/cm^3);σ 为韦伯系数。

式(5.7)中的韦伯系数与 Z_{re} 有如下关系:

$$Z_{re} = R_D + R_L + \sigma \omega^{-1/2} \tag{5.8}$$

$$\omega = 2\pi f \tag{5.9}$$

在低频率范围内,Z_{re} 与角速度平方根的倒数基本成直线关系,由式(5.8)可知,该直线的斜率是韦伯系数。如图 5.28(b)和图 5.28(c)分别为两种材料的韦伯系数模拟直线,数值分别为 82.96 和 14.34,对应于 Mn_3O_4 和复合材料的 σ 值,它与锂离子扩散系数成反比(式(5.7)),故复合材料的锂离子扩散系数越大,越有利于锂化反应的进行,计算可知复合材料的 Li^+ 扩散系数较大。

总之,复合材料 Mn_3O_4-NS/GNS 独特稳定的"2D-2D"结构为储锂提供了更多的空间,增强了 Mn_3O_4 导电性并抑制它充放电时的体积变化,使复合材料电荷传递电阻减小,锂离子扩散系数增加,提高了电化学性能。通过 5.4.2 节的分析可知,虽然 GN/MnO_2 与 MnO_2 的储锂机制相同,与石墨烯复合后循环性能和倍率性能也增强,但它的结合方式为点面的结合方式,结构稳定性不如面面结合方式紧密,由于结合不充分使石墨烯对 MnO_2 体积变化的抑制作用有限,表现在循环性能上是随循环次数的增加容量有衰减。可见,"2D-2D"结构的稳定性是 Mn_3O_4-NS/GNS 性能提高的根本原因,相对于"0D-2D"复合结构更适合于石墨烯与过渡金属氧化物的复合。

通过液相法制备了石墨烯与锰氧化合物的复合材料,Mn_3O_4-NS/GNS 是面面结合的"2D-2D"结构,GN/MnO_2 则是点面结合的"0D-2D"结构,其中石墨烯与 Mn_3O_4 的复合材料具有优异的电化学性能,结合对复合材料结

构、形貌及电化学性能的表征,分析不同结构对复合材料性能提高的规律,并阐述了储锂机制。

(1)制备云母状 Mn_3O_4 纳米片和 Mn_3O_4-NS/GNS 复合材料,复合材料的 XRD 谱表明样品无杂质,XPS 谱证明 Mn_3O_4 与石墨烯紧密复合在一起,AFM 照片观察到 Mn_3O_4 纳米片多层交叠嵌在石墨烯表面,TEM 照片显示 Mn_3O_4 为不规则边缘的云母状纳米片。复合材料形成稳定的"2D-2D"结构,并伴有片片堆叠形成的纳米孔洞。

(2)电化学性能测试显示 Mn_3O_4-NS/GNS 复合材料首次可逆容量达到 $1\,003.0\ mA\cdot h/g$,循环 50 次后,可逆容量仍为 $1\,158.5\ mA\cdot h/g$,即使在 $1\,000\ mA/g$ 的电流密度下,可逆容量仍保持在 $637.44\ mA\cdot h/g$,通过电化学阻抗谱图和模拟电路计算出的电荷传递电阻减小,Li^+ 扩散系数增大,证实了复合材料"2D-2D"结构的稳定性。

(3)对比 Mn_3O_4-NS/GNS 复合材料与 Mn_3O_4 纳米片的循环性能和倍率性能分析可知,复合材料稳定的"2D-2D"结构既增加了储锂空间,又缓解了 Mn_3O_4 在充放电时的体积膨胀应力,使复合材料具备优良的结构稳定性,所以其循环性能和倍率性能都显著提高。通过电化学阻抗谱图模拟电路计算出复合材料电荷传递电阻减小,Li^+ 扩散系数增大。

(4)制备"0D-2D"结构的 GN/MnO_2 的复合材料。SEM 显示均匀的 MnO_2 颗粒松散的镶嵌在石墨烯上,并伴有堆积成的孔洞。循环伏安曲线显示经过首次充放电 GN/MnO_2 的可逆性较好。通过交流阻抗谱模拟电路计算复合材料的电荷传递电阻减小,锂离子传递速率增强。

(5)比较"2D-2D"的 Mn_3O_4-NS/GNS 与"0D-2D"的 GN/MnO_2 结构,显示片片结合方式接触面更大,过渡金属氧化物与石墨烯间作用力更强、结合更紧密,而点面结合方式稍差于面面结合。所以 Mn_3O_4-NS/GNS 的可逆容量保持较好、倍率性能优良,而 GN/MnO_2 随循环次数的增加,可逆容量会有所衰减。

参考文献

[1] ROY P,SRIVASTAVA S K. Nanostructured anode materials for lithium ion-batteries[J]. Journal of Materials Chemistry A,2015,3(6):2454-2484.

[2] 陆浩,刘柏男,褚赓,等. 锂离子电池产业化技术进展[J]. 储能科学与技术,2016,5(2):109-119.

[3] ETACHERI V, MAROM R, ELAZARI R, et al. Challenges in the development of advancedli-ion batteries:a review[J]. Energy & Environmental Science,2011,4(9):3243-3262.

[4] DIKIN D A,STANKOVICH S,ZIMNEY E J,et al. Preparation and charac-terization of graphene oxidepaper[J]. Nature,2007,448(7152):457-460.

[5] BAI H,LI C,SHI G. Functional composite materials based on chemically convertedgraphene[J]. Advanced Materials,2011,23(9):1089-1115.

[6] YOO E J,KIM J,HOSONO E,et al. Large reversibleli storage of graphene nanosheet families for use in rechargeable lithium ion batteries[J]. Nano letters,2008,8(8):2277-2282.

[7] 黄可龙,王兆祥,刘素琴. 锂离子电池原理与关键技术[M]. 北京:化学工业出版社,2008:73-75.

[8] LIN Z. Polymer-templated carbon hybridized nanostructured transition metal oxide as advanced lithium-ion anodes[J]. Ecs,America:Georgia Institute of Technology,2016.

[9] NISHI Y. Somethingabout lithium ion batteries [M]. Tokyo:Shokabo Press,1997.

[10] WU Y P,WAN C,JIANG C,et al. Lithiumion secondary batteries[M]. Beijing:Chemical Industry Press,2002.

[11] 阚素荣,吴国良,卢世刚,等. 国产石墨作为锂离子蓄电池负极材料的性能[J]. 电源技术,2002,26(2):66-68.

[12] MYUNG S T, AMINE K, SUN Y K. Surface modification of cathode materials from nano-to microscale for rechargeable lithium-ion batteries [J]. Journal of Materials Chemistry,2010,20(34):7074-7095.

[13] YU P, RITTER J A, WHITE R E, et al. Ni-composite microencapsulated graphite as the negative electrode in lithium-ion batteries i. initial irreversible capacity study[J]. Journal of The Electrochemical Society, 2000,147(4):1280-1285.

[14] ENDO M, KIM C, NISHIMURA K, et al. Recent development of carbon materials for Li ionbatteries[J]. Carbon,2000,38(2):183-197.

[15] ZOU L, KANG F, ZHENG Y P, et al. Modified natural flake graphite with high cycle performance as anode material in lithium ion batteries [J]. Electrochimica Acta,2009,54(15):3930-3934.

[16] URITA K, SUENAGA K, SUGAI T, et al. In situ observation of thermal relaxation of interstitial-vacancy pair defects in a graphitegap[J]. Physical review Letters,2005,94(15):155502.

[17] CUI L F, RUFFO R, CHAN C K, et al. Crystalline-amorphous core-shell silicon nanowires for high capacity and high current batteryelectrodes[J]. Nano Letters,2008,9(1):491-495.

[18] LI S, CHEN C, FU K, et al. Nanosized Ge@CNF,Ge@C@CNF and Ge@CNF@ C composites via chemical vapour deposition method for use in advanced lithium-ion batteries[J]. Journal of Power Sources,2014,253:366-372.

[19] YU Y, YAN C, GU L, et al. Three-dimensional (3D) bicontinuous au/ amorphous-ge thin films as fast and high-capacity anodes for lithium-ion batteries[J]. Advanced Energy Materials,2013,3(3):281-285.

[20] XU Y, LIU Q, ZHU Y, et al. Uniform nano-Sn/C composite anodes for lithium ionbatteries[J]. Nano letters,2013,13(2):470-474.

[21] GAUTHIER M, MAZOUZI D, REYTER D, et al. A low-cost and high performance ball-milled Si-based negative electrode for high-energy Li-ionbatteries [J]. Energy & Environmental Science, 2013, 6 (7): 2145-2155.

[22] SONG T, XIA J, LEE J H, et al. Arrays of sealed silicon nanotubes as anodes for lithium ionbatteries [J]. Nano Letters, 2010, 10 (5): 1710-1716.

[23] PELED E, PATOLSKY F, GOLODNITSKY D, et al. Tissue-likesilicon nanowires-Based three-dimensional anodes for high-capacity lithium ion batteries[J]. Nano Letters,2015,15(6):3907-3916.

[24] ZHANG C, SONG A, YUAN P, et al. Amorphous carbon shell on Si

particles fabricated by carbonizing of polyphosphazene and enhanced performance as lithium ion batteryanode[J]. Materials Letters,2016,171: 63-67.

[25] ZHANG W J. A review of the electrochemical performance of alloy anodes for lithium-ionbatteries[J]. Journal of Power Sources, 2011, 196 (1): 13-24.

[26] ZAGHIB K,SIMONEAU M,ARMAND M,et al. Electrochemical study of $Li_4Ti_5O_{12}$ as negative electrode for Li-ion polymer rechargeable batteries [J]. Journal of Power Sources,1999,81:300-305.

[27] 苏岳锋,吴锋,陈朝峰. 纳米微晶 TiO_2 合成 $Li_4Ti_5O_{12}$ 及嵌锂行为[J]. 物理化学学报,2004,20(7):707-711.

[28] CHOU S L,WANG J Z,LIU H K,et al. Rapid synthesis of $Li_4Ti_5O_{12}$ microspheres as anode materials and its binder effect for lithium-ion battery [J]. The Journal of Physical Chemistry C,2011,115(32):16220-16227.

[29] LI Y,PAN G L,LIU J W,et al. Preparation of $Li_4Ti_5O_{12}$ nanorods as anode materials for lithium-ion batteries [J]. Journal of the Electrochemical Society,2009,156(7):A495-A499.

[30] RAHMAN M D,WANG J Z,HASSAN M F,et al. Amorphouscarbon coated high grain boundary density dual phase $Li_4Ti_5O_{12}-TiO_2$:a nanocomposite anode material for li-ion batteries[J]. Advanced Energy Materials,2011,1 (2):212-220.

[31] JHAN Y R, LIN C Y, DUH J G. Preparation and characterization of ruthenium doped $Li_4Ti_5O_{12}$ anode material for the enhancement of rate capability and cyclic stability [J]. Materials Letters, 2011, 65 (15): 2502-2505.

[32] POIZOT P,LARUELLE S,GRUGEON S,et al. Nano-sized transition-metal oxides as negative-electrode materials for lithium-ion batteries[J]. Nature, 2000,407(6803):496-499.

[33] LEE S H, SRIDHAR V, JUNG J H, et al. Graphene-nanotube-iron hierarchical nanostructure as lithium ion battery anode[J]. ACS Nano, 2013,7(5):4242-4251.

[34] JIA S, SONG T, ZHAO B, et al. Dealloyed Fe_3O_4 octahedra as anode material for lithium-ion batteries with stable and high electrochemical performance[J]. Journal of Alloys and Compounds,2014,617:787-791.

[35] CHENG X L, JIANG J S, JIANG D M, et al. Synthesis of rhombic dodecahedral Fe_3O_4 nanocrystals with exposed high-energy {110} facets and their peroxidase-like activity and lithium storage properties[J]. The Journal of Physical Chemistry C,2014,118(24):12588-12598.

[36] CHENG H,LU Z,MA R,et al. Rugated porous Fe_3O_4 thin films as stable binder-free anode materials for lithium ion batteries [J]. Journal of Materials Chemistry,2012,22(42):22692-22698.

[37] LU Y,WANG Y,ZOU Y,et al. Macroporous Co_3O_4 platelets with excellent rate capability as anodes for lithium ion batteries[J]. Electrochemistry Communications,2010,12(1):101-105.

[38] ZHANG Y,WU Y,CHU Y,et al. Self-assembled Co3O4 nanostructure with controllable morphology towards high performance anode for lithium ion batteries[J]. Electrochimica Acta,2016,188:909-916.

[39] WANG B,LU X Y,TANG Y. Synthesis of snowflake-shaped Co_3O_4 with a high aspect ratio as a high capacity anode material for lithium ion batteries [J]. Journal of Materials Chemistry A,2015,3(18):9689-9699.

[40] JIANG C,HOSONO E,ZHOU H. Nanomaterials for lithium ionbatteries [J]. Nano Today,2006,1(4):28-33.

[41] KIM C,NOH M,CHOI M,et al. Critical size of a nano SnO_2 electrode for Li-secondary battery [J]. Chemistry of Materials, 2005, 17 (12): 3297-3301.

[42] STASHANS A,LUNELL S,BERGSTRÖM R,et al. Theoretical study of lithium intercalation in rutile andanatase[J]. Physical Review B,1996,53 (1):159.

[43] HOSONO E,FUJIHARA S,HONMA I,et al. The high power and high energy densities Li ion storage device by nanocrystalline and mesoporous Ni/NiO coveredstructure[J]. Electrochemistry Communications,2006,8 (2):284-288.

[44] LOU X W,CHEN J S,CHEN P,et al. One-pot synthesis of carbon-coated SnO_2 nanocolloids with improved reversible lithium storage properties[J]. Chemistry of Materials,2009,21(13):2868-2874.

[45] REDDY M V,SUBBA RAO G V,CHOWDARI B V R. Metal oxides and oxysalts as anode materials for Li ion batteries[J]. Chemical Reviews, 2013,113(7):5364-5457.

［46］ ZHOU L, ZHAO D, LOU X W. Double-shelled $CoMn_2O_4$ hollow microcubes as high-capacity anodes for lithium-ion batteries［J］. Advanced Materials,2012,24(6):745-748.

［47］ REDDY M V,YU C,JIAHUAN F,et al. Molten salt synthesis and energy storage studies on $CuCo_2O_4$ and $CuO \cdot Co_3O_4$［J］. Rsc Advances,2012,2 (25):9619-9625.

［48］ ALCÁNTARA R,JARABA M,LAVELA P, et al. $NiCo_2O_4$ spinel:First report on a transition metal oxide for the negative electrode of sodium-ion batteries［J］. Chemistry of Materials,2002,14(7):2847-2848.

［49］ SHARMA Y,SHARMA N,RAO G V S,et al. Studies on spinel cobaltites, $FeCo_2O_4$ and $MgCo_2O_4$ as anodes for Li-ion batteries［J］. Solid State Ionics,2008,179(15):587-597.

［50］ KIM H,SEO D H,KIM H,et al. Multicomponent effects on the crystal structures and electrochemical properties of spinel-structured M_3O_4(M = Fe,Mn,Co) anodes in lithium rechargeable batteries［J］. Chemistry of Materials,2012,24(4):720-725.

［51］ YUAN W,ZHANG J,XIE D,et al. Porous CoO/C polyhedra as anode material for Li-ion batteries［J］. Electrochimica Acta,2013,108:506-511.

［52］ WANG L,WU J,CHEN Y,et al. Hollownitrogen-doped Fe_3O_4/carbon nanocages with hierarchical porosities as anode materials for lithium-ion batteries［J］. Electrochimica Acta,2015,186:50-57.

［53］ WANG Z, LUAN D, MADHAVI S, et al. Assembling carbon-coated $\alpha-Fe_2O_3$ hollow nanohorns on the CNT backbone for superior lithium storage capability［J］. Energy & Environmental Science, 2012,5(1): 5252-5256.

［54］ BOUCHIAT V,GIRIT C,KESSLER B,et al. Graphene device and method of using graphene device:U. S. Patent 9,105,793［P］. 2015-8-11.

［55］ DAHN J R,ZHENG T,LIU Y,et al. Mechanisms for lithium insertion in carbonaceousmaterials［J］. Science,1995,270(5236):590.

［56］ Fong R,Von Sacken U,Dahn J R. Studies of lithium intercalation into carbons using nonaqueous electrochemicalcells［J］. Journal of The Electro-chemical Society,1990,137(7):2009-2013.

［57］ CABALLERO Á, MORALES J. Can the performance of graphene nanosheets for lithium storage in Li-ion batteries be predicted［J］.

Nanoscale,2012,4(6):2083-2092.

[58] YOON Y,LEE K,KWON S,et al. Vertical alignments of graphene sheets spatially and densely piled for fast ion diffusion in compactsupercapacitors [J]. ACS Nano,2014,8(5):4580-4590.

[59] WANG G,SHEN X,YAO J,et al. Graphene nanosheets for enhanced lithium storage in lithium ionbatteries [J]. Carbon, 2009, 47 (8): 2049-2053.

[60] WANG H,PAN Q,CHENG Y,et al. Evaluation of ZnO nanorod arrays with dandelion-like morphology as negative electrodes for lithium-ion batteries [J]. Electrochimica Acta,2009,54(10):2851-2855.

[61] PAEK S M, YOO E J, HONMA I. Enhanced cyclic performance and lithium storage capacity of SnO₂/graphene nanoporous electrodes with three-dimensionally delaminated flexible structure [J]. Nano Letters, 2008,9(1):72-75.

[62] GUO P, SONG H, CHEN X. Electrochemical performance of graphene nanosheets as anode material for lithium-ion batteries [J]. Electrochemistry Communications,2009,11(6):1320-1324.

[63] GENG Y,WANG S J,KIM J K. Preparation of graphite nanoplatelets and graphenesheets[J]. Journal of Colloid and Interface Science, 2009, 336 (2):592-598.

[64] YOO E J;KIM J,HOSONO E,et al. Large reversible Li storage of graphene nanosheet families for use in rechargeable lithium ion batteries[J]. Nano Letters,2008,8(8):2277-2282.

[65] BHARDWAJ T, ANTIC A, PAVAN B, et al. Enhanced electrochemical lithium storage by graphenenanoribbons [J]. Journal of the American Chemical Society,2010,132(36):12556-12558.

[66] WANG D,CHOI D,LI J,et al. Self-assembled TiO₂-graphene hybrid nano-structures for enhanced Li-ion insertion [J]. ACS Nano, 2009, 3 (4): 907-914.

[67] ZHI L,HU Y S,HAMAOUI B E,et al. Precursor-controlled formation of novel carbon/metal and carbon/metal oxide nanocomposites[J]. Advanced Materials,2008,20(9):1727-1731.

[68] HUANG Y, HUANG X, LIAN J,et al. Self-assembly of ultrathin porous NiO nanosheets/graphene hierarchical structure for high-capacity and high-

rate lithium storage[J]. Journal of Materials Chemistry,2012,22(7):2844-2847.

[69] XIE D,SU Q,YUAN W,et al. Synthesis of porous NiO-wrapped graphene nanosheets and their improved lithium storage properties[J]. The Journal of Physical Chemistry C,2013,117(46):24121-24128.

[70] WANG R,XU C,SUN J,et al. Free-standing and binder-free lithium-ion electrodes based on robust layered assembly of graphene and Co_3O_4 nanosheets[J]. Nanoscale,2013,5(15):6960-6967.

[71] ZHANG W,ZENG Y,XIAO N,et al. One-step electrochemical preparation of graphene-based heterostructures for Listorage[J]. Journal of Materials Chemistry,2012,22(17):8455-8461.

[72] WANG B, WU X L, SHU C Y, et al. Synthesis of CuO/graphene nanocomposite as a high-performance anode material for lithium-ion batteries [J]. Journal of Materials Chemistry, 2010, 20 (47): 10661-10664.

[73] ZOU Y,KAN J,WANG Y. Fe_2O_3–graphene rice-on-sheet nanocomposite for high and fast lithium ion storage[J]. The Journal of Physical Chemistry C,2011,115(42):20747-20753.

[74] KAN J, WANG Y. Large and fast reversible Li-ion storages in Fe_2O_3-graphene sheet-on-sheet sandwich-like nanocomposites [J]. Scientific Reports,2013,3:3502.

[75] YU M,SHAO D,LU F,et al. ZnO/graphene nanocomposite fabricated by high energy ball milling with greatly enhanced lithium storagecapability [J]. Electrochemistry Communications,2013,34:312-315.

[76] SHUVO M A I,KHAN M A R,KARIM H,et al. Investigation of modified graphene for energy storageapplications [J]. ACS Applied Materials & Interfaces,2013,5(16):7881-7885.

[77] HSIEH C T,LIN C Y,CHEN Y F,et al. Synthesis of ZnO@ graphene composites as anode materials for lithium ion batteries[J]. Electrochimica Acta,2013,111:359-365.

[78] LI L,GUO Z,DU A,et al. Rapid microwave-assisted synthesis of Mn_3O_4-graphene nanocomposite and its lithium storage properties[J]. Journal of Materials Chemistry,2012,22(8):3600-3605.

[79] LEE J W, HALLA S, KIM J D, et al. A facile and template-free

hydrothermal synthesis of Mn_3O_4 nanorods on graphene sheets for supercapacitor electrodes with long cycle stability [J]. Chemistry of Materials,2012,24(6):1158-1164.

[80] CHEN C,JIAN H,FU X,et al. Facile synthesis of graphene-supported mesoporous Mn_3O_4 nanosheets with a high-performance in Li-ion batteries [J]. RSC Advances,2014,4(11):5367-5370.

[81] LUO Y, FAN S, HAO N, et al. An ultrasound-assisted approach to synthesize Mn_3O_4/RGO hybrids with high capability for lithium ion batteries[J]. Dalton Trans,2014,43(41):15317-15320.

[82] WU Z S, ZHOU G, YIN L C, et al. Graphene/metal oxide composite electrode materials for energy storage [J]. Nano Energy, 2012, 1 (1): 107-131.

[83] ZHAO Y H, CHEN G, SONG C L, et al. Alkali metal doped graphite as anode material for lithium ion batteries[J]. International Journal of Earth Sciences and Engineering, 2014,7(6):2311-2314.

[84] GALLEGO N C,CONTESCU C I,MEYER H M,et al. Advanced surface and microstructural characterization of natural graphite anodes for lithium ionbatteries[J]. Carbon,2014,72:393-401.

[85] 吴宇平,万春荣,姜长印.锂离子二次电池[M].北京:化学工业出版社,2002:167-168.

[86] FU L J,LIU H,LI C,et al. Surface modifications of electrode materials for lithium ion batteries[J]. Solid State Sciences,2006,8(2):113-128.

[87] YAO L,HOU X,HU S,et al. An excellent performance anode of $ZnFe_2O_4$/flake graphite composite for lithium ion battery[J]. Journal of Alloys and Compounds,2014,585:398-403.

[88] ZHANG W, WAN W, ZHOU H, et al. In-situ synthesis of magnetite/expanded graphite composite material as high rate negative electrode for rechargeable lithiumbatteries [J]. Journal of Power Sources, 2013, 223: 119-124.

[89] SHI H,BARKER J,SAIDI M Y,et al. Structure and lithium intercalation properties of synthetic and natural graphite [J]. Journal of the Electrochemical Society,1996,143(11):3466-3472.

[90] AURBACH D,EIN-ELI Y,CHUSID O,et al. The correlation between the surface chemistry and the performance of li-carbon intercalation anodes for

rechargeable ' Rocking-Chair ' type batteries [J]. Journal of the Electrochemical Society, 1994, 141 (3) :603-611.

[91] BARRÉ A, DEGUILHEM B, GROLLEAU S, et al. A review on lithium-ion battery ageing mechanisms and estimations for automotiveapplications [J]. Journal of Power Sources, 2013, 241 :680-689.

[92] VERMA P, MAIRE P, NOVÁK P. A review of the features and analyses of the solid electrolyte interphase in Li-ionbatteries [J]. Electrochimica Acta, 2010, 55 (22) :6332-6341.

[93] LERF A, HE H, FORSTER M, et al. Structure of graphite oxide revisited [J]. The Journal of Physical Chemistry B, 1998, 102 (23) :4477-4482.

[94] NOVOSELOV K S A, GEIM A K, MOROZOV S V, et al. Two-dimensional gas of massless dirac fermions in graphene. [J]. Nature, 2005, 438 : 197-200.

[95] ZHAO Y H, CHEN G, WANG Y. Facile synthesis of graphene/ZnO composite as an anode with enhanced performance for lithium ion batteries [J]. Journal of Nanomaterials, 2014, http://dx. doi. org/10. 1155/ 2014/964391.

[96] DREYER D R, PARK S, BIELAWSKI C W, et al. The chemistry of grapheneoxide [J]. Chemical Society Reviews, 2010, 39 (1) :228-240.

[97] CHEN J, YAO B, LI C, et al. An improved Hummers method for eco-friendly synthesis of grapheneoxide [J]. Carbon, 2013, 64 :225-229.

[98] 朱永法,纳米材料的表征与测试方法 [M]. 北京:化学工业出版社,2006.

[99] WANG G, SHEN X, YAO J, et al. Graphene nanosheets for enhanced lithium storage in lithium ionbatteries [J]. Carbon, 2009, 47 (8) : 2049-2053.

[100] LIU J, LI Y, DING R, et al. Carbon/ZnO nanorod array electrode with sig-nificantly improved lithium storagecapability [J]. The Journal of Physical Chemistry C, 2009, 113 (13) :5336-5339.

[101] SHEN X, MU D, CHEN S, et al. Enhanced electrochemical performance of ZnO-loaded/porous carbon composite as anode materials for lithium ionbatteries [J]. ACS Applied Materials & Interfaces, 2013, 5 (8) : 3118-3125.

[102] WU Z, QIN L, PAN Q. Fabrication and electrochemical behavior of

flower-like ZnO-CoO-C nanowall arrays as anodes for lithium-ionbatteries [J]. Journal of Alloys and Compounds,2011,509(37):9207-9213.

[103] 苏庆梅. 锂离子电池负极材料电化学反应行为与脱/嵌锂机理的原位透射电镜研究[D]. 太原:太原理工大学,2014.

[104] XUE L J,XU Y F,HUANG L, et al. Lithium storage performance and interfacial processes of three dimensional porous Sn-Co alloy electrodes for lithium-ionbatteries[J]. Electrochimica Acta,2011,56(17):5979-5987.

[105] 高颖,邬冰. 电化学基础[M]. 北京:化学工业出版社,2004:120-125.

[106] MING B, LI J, KANG F, et al. Microwave-hydrothermal synthesis of birnessite-type MnO_2 nanospheres as supercapacitor electrode materials [J]. Journal of Power Sources,2012,198:428-431.

[107] ZHU J,SHI W,XIAO N, et al. Oxidation-etching preparation of MnO_2 tubular nanostructures for high-performance supercapacitors [J]. ACS Applied Materials & Interfaces,2012,4(5):2769-2774.

[108] LU Y,KORF K,KAMBE Y,et al. Ionic-Liquid-Nanoparticle Hybrid Electrolytes:Applications in Lithium Metal Batteries[J]. Angewandte Chemie International Edition,2014,53(2):488-492.

[109] CHEN J. Recent progress in advanced materials for lithium ionbatteries [J]. Materials,2013,6(1):156-183.

[110] ARAGÓN M J,PÉREZ-VICENTE C,TIRADO J L. Submicronic particles of manganese carbonate prepared in reverse micelles:A new electrode material for lithium-ionbatteries[J]. Electrochemistry Communications, 2007,9(7):1744-1748.

[111] LI P, NAN C, WEI Z, et al. Mn_3O_4 Nanocrystals:facile synthesis, controlled assembly,and application[J]. Chemistry of Materials,2010, 22(14):4232-4236.

[112] LI L,GUO Z,DU A,et al. Rapid microwave-assisted synthesis of Mn_3O_4-graphene nanocomposite and its lithium storage properties[J]. Journal of Materials Chemistry,2012,22(8):3600-3605.

[113] YU D,HOU Y,HAN X,et al. Enhanced lithium-ion storage performance from high aspect ratio Mn_3O_4 nanowires[J]. Materials Letters,2015,159: 182-184.

[114] LEE J W, HALLA S, KIM J D, et al. A facile and template-free hydrothermal synthesis of Mn_3O_4 nanorods on graphene sheets for super-

capacitor electrodes with long cycle stability[J]. Chemistry of Materials, 2012,24(6):1158-1164.

[115] 赵艳红,王达. 云母状 Mn_3O_4 纳米片制备及作为锂离子电池负极材料的研究[J]. 碳素,2018,4:32-34.

[116] JIANG H, HU Y, GUO S, et al. Rational design of MnO/carbon nanopeapods with internal void space for high-rate and long-life Li-ionbatteries[J]. ACS Nano,2014,8(6):6038-6046.

[117] HAO Q,WANG J,XU C. Facile preparation of Mn_3O_4 octahedra and their long-term cycle life as an anode material for Li-ion batteries[J]. Journal of Materials Chemistry A,2014,2(1):87-93.

[118] ZHAO Y H, CHEN G, YAN C S, et al. Stabilising Mn_3O_4 nanosheet on graphene via forming $2D-2D$ nanostructure for improvement of lithium storage[J]. RSC. Advances, 2015,5:106206-106212.

[119] WANG H,CUI L F,YANG Y,et al. Mn_3O_4 –graphene hybrid as a high-capacity anode material for lithium ion batteries [J]. Journal of the American Chemical Society,2010,132(40):13978-13980.

[120] ZHAO Y H, CHEN G, WANG D, et al. Facile synthesis of MnO_2 nanoparticles well-dispersed on graphene for the enhanced electrochemical performance[J]. Int. J. Electrochem. Sci. , 2016,11:2525-2533.

[121] LEI Z, SHI F, LU L. Incorporation of MnO_2-coated carbon nanotubes between graphene sheets as supercapacitor electrode[J]. ACS Applied Materials & Interfaces,2012,4(2):1058-1064.

[122] BHOWMICK R, RAJASEKARAN S, FRIEBEL D, et al. Hydrogen spillover in Pt-single-walled carbon nanotube composites:formation of stable C–H bonds[J]. Journal of the American Chemical Society,2011, 133(14):5580-5586.

[123] PAN X,ZHAO Y,LIU S,et al. Comparing graphene-TiO_2 nanowire and graphene-TiO_2 nanoparticle composite photocatalysts [J]. ACS Applied Materials & Interfaces,2012,4(8):3944-3950.

[124] QU Q,ZHANG P,WANG B,et al. Electrochemical performance of MnO_2 nanorods in neutral aqueous electrolytes as a cathode for asymmetric supercapacitors[J]. The Journal of Physical Chemistry C,2009,113(31): 14020-14027.

[125] XIANG Q,YU J,JARONIEC M. Preparation and enhanced visible-light

photocatalytic H_2-production activity of graphene/C_3N_4 composites[J]. The Journal of Physical Chemistry C,2011,115(15):7355-7363.

[126] LI T, GAO L. A high-capacity graphene nanosheet material with capacitive characteristics for the anode of lithium-ion batteries[J]. Journal of Solid State Electrochemistry,2012,16(2):557-561.

[127] WANG Y,CAO G. Developments innanostructured cathode materials for high-performance lithium-ion batteries[J]. Advanced Materials,2008,20 (12):2251-2269.

[128] WANG X, WU X L, GUO Y G, et al. Synthesis and lithium storage properties of Co_3O_4 nanosheet-assembled multishelled hollow spheres[J]. Advanced Functional Materials,2010,20(10):1680-1686.

[129] MAI Y J,WANG X L,XIANG J Y,et al. CuO/graphene composite as anode materials for lithium-ion batteries[J]. Electrochimica Acta,2011, 56(5):2306-2311.

[130] DUAN J,CHEN S,DAI S,et al. Shapecontrol of Mn_3O_4 nanoparticles on nitrogen-doped graphene for enhanced oxygen reduction activity[J]. Advanced Functional Materials,2014,24(14),2072-2078.

[131] 谷芳. 锂离子电池负极材料钛酸锂的制备与改性及其电化学性能 [D]. 哈尔滨:哈尔滨工业大学,2013.

[132] LI X, QIAO L, LI D, et al. Three-dimensional network structured $\alpha-Fe_2O_3$ made from a stainless steel plate as a high-performance electrode for lithium ion batteries[J]. Journal of Materials Chemistry A, 2013,1(21):6400-6406.

[133] BARD A J, FAULKNER L R. Electrochemical methods[M]. New York: Wiley,2001.